高等职业学校烹饪工艺与营养专业教材

湘菜烹调
一体化教程

INTEGRATED COURSE OF
HUNAN CUISINE COOKING

王 飞 肖 冰/主编

U0189684

中国轻工业出版社

图书在版编目（CIP）数据

湘菜烹调一体化教程 / 王飞，肖冰主编 . —北京：
中国轻工业出版社，2021.10

高等职业学校烹饪工艺与营养专业教材

ISBN 978-7-5184-3166-3

Ⅰ.① 湘… Ⅱ.① 王… ② 肖… Ⅲ.① 湘菜—烹饪—
高等职业教育—教材　Ⅳ.① TS972.117

中国版本图书馆CIP数据核字（2020）第165009号

责任编辑：史祖福　贺晓琴　责任终审：劳国强　封面设计：锋尚设计
策划编辑：史祖福　　　　　责任校对：宋绿叶　责任监印：张　可

出版发行：中国轻工业出版社（北京东长安街6号，邮编：100740）

印　　刷：艺堂印刷（天津）有限公司

经　　销：各地新华书店

版　　次：2021年10月第1版第1次印刷

开　　本：787×1092　1/16　印张：21.75

字　　数：418千字

书　　号：ISBN 978-7-5184-3166-3　定价：88.00元

邮购电话：010-65241695

发行电话：010-85119835　传真：85113293

网　　址：http://www.chlip.com.cn

Email：club@chlip.com.cn

如发现图书残缺请与我社邮购联系调换

191393J2X101ZBW

本书编委会

主　　编　王　飞　肖　冰

副 主 编　何　彬　彭军炜　蔡鲁峰　张　拓

编　　委　刘同亚　欧阳虎　温　潜　刘　畅
　　　　　赵玉根　周　彪　黄　政　王正华
　　　　　刘晓飞

技术顾问　谢铁峰

序言

　　历史与自然眷顾湖湘大地，因此给湖湘饮食留下了太多的历史人文与自然物产。

　　在湖南永州道县玉蟾岩遗址中发现了距今已有1.2万~1.4万年的稻谷，在湖南澧县彭头山发现了距今8000年的人工栽培稻，这些考古充分证明了湖南地区是我国稻作文明最早的发源地。

　　在战国时期，爱国诗人屈原被贬逐于湖南境内的湘江流域，正是在此地，屈原完成了《楚辞·招魂》和《楚辞·大招》两篇不朽之作，这些作品不仅在中国文学史上获得了极高的赞誉，然而，也留下了湘人最初的饮食记忆，文中大量描绘了湘人如何祈天地、礼鬼神、祭先祖、宴宾客的民风民俗，并详细地列举了当时湘人上流社会的饮宴情况，罗列出的各种肴馔组合正是我国历史上最早的筵席菜单。

　　在《吕氏春秋·本味篇》中就已经有"云梦之芹""洞庭之鲋""醴水之鳖"等湖湘食材的记载，这说明在战国时期，这些湘菜中常见的食材就已经具有一定的社会影响力与知名度。

　　在西汉时期，长沙成为封建王朝政治、经济和文化较集中的一个主要城市，该地域物产丰富，经济发达，烹饪技术已发展到一定的水平，严格来讲，从西汉开始，湘菜就已经从"楚国"的饮食区域中真正的脱离出来，并开始逐步形成了具有鲜明特征的湖湘饮食。

　　在湘菜文化界，最具震撼力与影响力的当数1972—1974年间出土的长沙马王堆汉墓。在马王堆三号汉墓中出土的一批帛书、简书当中，有一半的文字是关于食物、养生与医学的记载。在马王堆一号汉墓中出土了312枚遣策，其中记载了近150种食物，10余种烹调方法及橘皮、花椒、姜、豆豉、葱等湘菜中常用的调味料。在这些记载中，关于菜肴品种就多达77款。1999年5月出土的沅陵县虎溪山一号汉墓（墓主人为长沙王吴臣之子、汉初所封沅陵侯吴阳）中，又发掘出千余支竹简，共计3万余字，其中的文字内容有三分之一是记载湖湘饮食的，共收录了148份菜谱、有近百种美馔佳肴，仅羹品就有30余种。因此，这些竹简被后人命名为《美食方》。

唐代，湖湘大地成为文人墨客"不到潇湘岂有诗"的精神圣地，在宋、元、明时期，随着湘菜饮食行业的兴起，湘菜行业发展迈入了黄金时代。清代、民国时期，湘菜随着湘军的兴起，使湖湘饮食迎来了全盛时期。现如今，人们更愿意将湖南菜称之为"湘菜"，因为湘菜成为当今国内，最受欢迎的地方风味菜之一，甚至有人讲，在中国只要有餐饮的地方，就有湘菜馆。

回顾湘菜的发展历史，我们发现，在岁月长河中，湘菜一路前行，历经了平淡、起伏、变革与沉淀，至今，湘菜依然熠熠生辉，光耀照人。探其原因，可能是湘菜的这种热烈、刺激的味觉特点早已与湘人骨头里的不畏艰难、勇往直前、敢为人先、豪放不羁的精神性格相融合，这说明了湘菜不仅停留在湘人的舌尖，也烙在了湘人的心里，不论湘人到何地，湘菜始终是湘人心中无法忘却的乡愁。

湘菜到底有什么魅力，能让消费者如此青睐？我想，无外乎是湘菜味道具有的强大的味蕾征服力，湘菜讲究入味，尤重酸辣、咸香、清香、浓鲜，让人吃前垂涎三尺，食欲大开；食后回味悠长，流连忘返。

湘菜相对于其他地方菜，其最大特色是什么？仍为"辣，腊"两字。饮食界泰斗聂凤乔先生曾精辟地指出，湖南的厨师擅长驾驭酸辣，根据市肆、筵宴服务对象、地域、季节、菜式等诸多因素，能使酸辣分清浓层次，使它们恰到好处，湖南厨师善于掌握辣椒"盖味而不抢味"的特性，在辣味的掩盖下品尝百味。开放的辣与收敛的酸相互制约、相互协调，成为湖湘人民获取养生保健的一种方式，这就是酸辣风味的科学解释，也就是湖湘饮食文化的内涵之一。

弘扬湖湘饮食文化，传承湘菜传统技艺，离不开湘菜职业教育。1974年，湖南省株洲市在省内率先开办了湘菜职业教育，创办了株洲市饮食技工学校（湖南省商业技师学院原名），这里成为我省湘菜职业教育的发源地，湖南省商业技师学院历经40多年的积累沉淀，通过几代教职工数年如一日的严谨治学、辛勤耕耘，学校在湘菜职业教育领域中取得了丰硕的成果，培育了数以万计的湘菜高技能人才，被行业誉为"湘菜教育的黄埔军校""烹饪大师的摇篮"。

湘菜文化源远流长，但是很多优秀的湘菜文化还一直缺乏系统的挖掘与整理，喜闻湖南省商业技师学院从2017年开始组织人员，精心编写一整套"湘菜"系列教材，历经两年多时间，众多教师的辛勤付出，《湖湘饮食文化概论》《湖湘特色食材》《湘菜非物质文化遗产概论》《湖南味道》《湘菜烹调一体化教程》《湘菜宴席设计与实务》《湖湘食疗药膳》《湘点一体化教程》等多本书籍问世，这些"湘字"号的饮食文化书籍，不仅填补了湘菜文化领域的空白，而且对系统挖掘、整理、传承、弘扬湖湘饮食文化具有里程碑式的意义，作为老一辈湘菜人，我对此深感欣慰，我希望这些研究成果，能成为新一代湘菜人，去深入了解、学习湘菜文化的宝贵资料，也期盼湖南省商业技师学院能不忘初心，一如既往地担负起弘扬湘菜文化、传承湘菜传统技艺的使命，为湘菜产业培养更多更优秀的人才。

全国五一劳动奖章获得者
中国烹饪协会副会长
中国湘菜大师

前言

　　湖南简称湘，故湖南菜又称为湘菜。湘菜是我国八大菜系之一，它不仅继承了华夏饮食文化的传统技艺，更以浓郁的湖湘文化风格自成一系。湘菜以其独特的文化底蕴和品味风格闻名于世。湘菜的发展是以古城长沙为中心，遍及三湘四水，逐步形成了湘江流域风味、洞庭湖区域风味、湘西山区风味、衡阳地区风味等流派，共同组成了现在的湘菜格局。

　　《湘菜烹调一体化教程》是一本讲授烹调方法及菜肴制作的书籍，也是湘菜文化的重要组成部分。教材编写贯串以任务为引领、以项目为支撑的模块化教学理念，以简洁的文字对每道菜的原料配备、工艺流程、成品特点、操作关键等方面做了介绍，配以精美的图片使学生能够更好地体验学习的乐趣。同时本教材从概念、工艺流程、操作关键和成品特点等方面对湘菜常用的技法进行了归纳总结，使读者能够更好地掌握湘菜的烹调方法。

　　本教材由中国烹饪名师、湖南省商业技师学院讲师王飞、肖冰担任主编，并负责制定调研计划、编写计划、方案、主持校内研讨会议，协调内容、编写提纲。本教材模块一由彭军炜、蔡鲁峰编写；模块二（项目一、项目二）由肖冰、欧阳虎编写；模块二（项目三、项目四）由刘畅、周彪编写；模块三（项目一）由赵玉根编写；模块三（项目二、项目三）由蔡鲁峰编写；模块三（项目四）由王飞、何彬编写；模块四由张拓、王飞编写；模块五由张拓、黄政、温潜编写；模块六（项目一、项目二）由刘同亚、周彪编写；模块六（项目三）由肖冰、谢铁峰、王正华、刘晓飞编写。全书由王飞和肖冰统稿，谢铁峰负责技术指导工作。

　　本教材在编写过程中得到了烹饪旅游学院湘菜非物质文化传承与研究中心团队的全力配合，同时也得到了湖南省商业技师学院领导和同事的大力支持。在此一并表示衷心的感谢。

　　本教材的出版为烹饪职业教育的学生和烹饪爱好者学习湘菜制作知识提供了重要的参考依据，同时对促进湖南省烹饪职业教育的发展和湘菜技艺的传承具有重要作用。本教材的编写教师均是从事湘菜实践教学的专业教师，具有中式烹调技师以上职业资格，多次获得省级及以上技能竞赛大奖。

　　由于编者团队水平有限，书中难免有疏漏之处，恳请读者予以批评指正！

编者

2020年5月

目录

模块一

湘菜烹调一体化导论

项目一
湘菜的历史发展及地方流派

湖南，简称"湘"，也称潇湘、湖湘、三湘等。因湖南位于长江中游，省境辖区大部分在洞庭湖以南，故称之湖南，又因湘江贯穿省境南北，"湘"便为湖南的简称。湖湘饮食历史悠久，在文献记载中，对湖南这一地方饮食的命名大多使用的是湖南菜、湘味或湘菜等词汇，而"湘菜"这一称谓，则是在近百年来开始广泛使用，并逐渐被大众所认同。湘菜风味特色浓郁而鲜明，在众多地方菜中独树一帜，湘菜不仅是湖南的一张文化名片，也是湘人引以为豪的舌尖美食，现已经成为国内影响力较大的菜系之一。

一、湘菜的历史发展

湘菜历史文化底蕴深厚，当今湘菜中的许多名菜和传统烹饪技艺，可以在很多历史文献古籍中找到源流，如先秦史籍《逸周书》，早在西周成王（公元前1042年—前1021年）时代，各地向王朝贡献的物产有湖南的食材甲鱼。到战国时期屈原的名篇《招魂》和《大招》，描述了楚地完整的筵席菜单，菜单中反映祭祀活动中丰富味美的菜肴、酒水和小吃，体现了十多种烹调方法。在长沙马王堆出土的"西汉"古墓中，有迄今中国最早的一批竹简菜单，其中记录了103种名贵菜品和9类烹调方法。

1. 形成期

秦统一后，郡县行政区划确立，西汉开始，湖南历史上出现了第一个诸侯封国，从荆楚菜系中逐渐独立出来，湘菜从选料、烹调方法、调味等都开始形成自身的风格，在西晋时期，湖南衡阳酿造的酃湖酒（黄酒）便成为之后历朝历代皇家贡品，北魏末年农书《齐民要术》中对湖南地区的"长沙鱼鲊""脯腊"有着详细的记载；唐代开始湖南洞庭湖区域素有"洞庭天下水，巴陵天下鱼"的美誉，也慢慢地演变出今天的巴陵全鱼席。

2. 发展期

湘菜的发展在明、清两代达到了全盛时期，明代中叶湖南郴州人何孟春所撰《余冬序录》中，便有"湖广熟、天下足"的民谚记载，到了清乾隆时，包括长沙在内的整个湘北地区成为全国重要的粮食产地。粮市的充裕为当地人们的饮食生活提供了重要物质基础。

明朝嘉靖时期，《常德府志》即称常德境内"有鲋，骨纤且多，肉腻而味甚腴，夏间出，大者不过四五斤"。而当时湖广地区向朝廷进贡的贡品就有糟鲋鱼、糟鳊鱼。

清初开始，湖南湘西、湘东、湘南地区开始种植与食用辣椒，从此，湘菜在辣味中开始尝试调和百味，"辣味"也从此融入了湘菜的血液。晚清时期，湘菜随湘军走出湖南，开始声名远播，湘军崛起催生湖南大批军功阶层的兴起，湘人外出为官，甚而远涉重洋，也将湖南风味带向了全国乃至世界，现代湘菜的传统事实上已经开始孕育，不过当时的湘菜，显得相当素朴。

晚清重臣曾国藩的日记中，曾多次记载湖南老家的食物北上，如同治五年（1866年）二月二十三日，白玉堂老家给曾国藩寄送的腊肉一次就是两篓共23斤。光绪三十四年（1908年），瞿鸿禨（1850—1918年，晚清重臣，曾任军机大臣、外务部尚书、内阁协办大学士）回到故乡长沙，亲自制定长沙瞿氏祭祖的全套规约，这份规约详细记载了晚清湘菜的诸多品种，藏于《长沙瞿氏家乘》中的这份祭品菜单，篇幅近1500字，涵盖菜品近200种。除此之外，还有大批在北京、上海等地为官的湖南人，接触了不同地域的美食，他们退隐回乡时，就将外来的风味引进了湖南。湘中官宦人家如郭嵩焘、李星沅、王先谦、瞿鸿禨等家族的颐园、芋园、葵园、超览楼等场所逐步成为著名的宴饮胜地。

长沙作为湖南的首府，餐饮行业的发展状况尤其具有代表性。清代中叶，长沙城内陆续出现了对外营业的菜馆，分为轩帮和堂帮，轩帮有长盛轩、紫云轩和聚南珍等数家，专营菜担；堂帮有旨阶堂、式燕堂、先垣堂、菜香堂、嘉宾乐、铋香居、庆星园、同春园、六香园、菜根香十家，人称十柱，以经营堂菜为主。清代民初，湘菜烹饪技术迅速发展，大师辈出，各种流派的菜式争奇斗艳，异彩纷呈，仅长沙市场酒楼饭店就有65家餐饮老字号，很多湘菜名品传承至今，如花菇无黄蛋、麻辣仔鸡、东安鸡条、油淋庄鸡、杨裕兴面、国藩药鸡、三层套鸡、发丝牛百叶等，民间至今还流传着"麻辣仔鸡汤泡肚，令人常忆玉楼东"的赞誉。

3. 成熟期

民国初期，由谭延闿及其家厨所创立的"组庵家菜"独树一帜，成为民国官府中的美食标杆，著名湘菜组庵豆腐、子龙脱袍传承至今。抗战时期一大批知识分子南迁长沙的过程中，在朱自清、田汉、郭沫若、徐特立等人记载之下，长沙的一些餐饮店如李合盛牛肉店、玉楼东、曲园、民众菜馆、挹爽楼、清溪阁、爱雅亭等逐步成为湘菜的代表性餐馆，使湘菜初步具备了全国性的影响力。

1938年，长沙"文夕大火"事件，使长沙餐饮从业人员大部分迁往重庆、贵阳、云南等地，开设曲园、潇湘、盟华园等湘菜馆，既服务了迁徙他乡的湘籍人士，又使当地的食客品尝到了正宗湖湘风味的菜肴，弘扬了湖湘的饮食文化，致使湘菜闻名遐迩。抗战胜利后，湘菜名馆的厨师纷纷返乡，重振家业，迅速将湖南的餐饮行业恢复起来。为了开拓湘菜市场，20世纪80年代初，年逾七旬的舒桂卿、周子云、袁国卿等经典湘菜传人，云集实验餐厅（玉楼东的前身）带徒传艺，这一蓬勃向上的学习氛围中，长沙、株洲、湘潭等地方餐饮界掀起学技术热潮。石荫祥、许菊云、王墨泉等湘菜大师成为复兴湘菜的领军人物，传统湘菜在他们身上得到了继承和发展，他们传承不守旧，创新不忘本，不仅为弘扬湘菜技艺做出了卓越贡献，而且在湘菜领域培育了众多的专业人才。

敢为人先的创新精神、经世致用的处世哲学是湖南文化的精神特质，湘菜之所以能够成为特色鲜明的地方菜系，与这种精神是密不可分的。正是由于这种敢为人先、经世致用的创新精神，湘菜始终保持着传承不守旧，不拘泥于现状，不断地与时俱进，使湘菜成为全国最受欢迎的地方菜之一，湘菜传统烹饪技艺在食材选择、烹饪技艺、调味技术上推陈出新，历经了一次又一次的变革与蜕变，使湖南味道紧贴地气，极具味蕾征服力。

二、影响湘菜形成的因素

湘菜的形成主要受两个方面的影响，一是湘菜的特色食材、湘菜的烹饪技法、湘菜的调味技法等表层因素；二是湖湘区域的自然环境、湖湘饮食习俗等深层因素。

1. 丰富的湖湘特色食材资源

屈原的《楚辞·招魂》和《楚辞·大招》中，罗列了湖南稻米、小米、甲鱼、天鹅、羊肉、水鸭、酸梅等食材；《吕氏春秋·本味篇》中有"云梦之芹""洞庭之鲋""醴水之鳖"等湖湘食材的记载；长沙西汉马王堆一号汉墓出土实物中的竹简，一半以上都是记载食物的，有近150种，西汉沅陵侯沅陵县虎溪山一号汉墓出土了300多支关于饮食的竹简，被誉为"湘菜第一食谱"——美食方，记载了148份食单；北魏《齐民要术》对湖南地区"长沙鱼鲊""腊肉""酃酒"等美食都有记载等。据统计，湖湘地区出产的具有一定优越性品质、营养与风味或有一定历史文化及品牌影响力的湖湘特色食材将近300种。

在历史的发展中，通过自然环境与人为的遴选，使得湖湘特色食材品种、数量及品质均得到了较大的发展，湖湘特色食材资源的分布情况也因地理、气候等条件而表现出一定的聚集性。从湖湘特色食材整体状况来看，主体分为四部分，其一是湘北洞庭区域，其水产如鱼、虾、蟹、鳖与水禽资源十分丰富；其二是湘江流域，其家禽类、家畜类、蔬菜类等特产资源丰富；其三是衡阳、永州、郴州、娄底、邵阳等湘南、湘中区域，其蔬菜类、果品类、菌类、笋类、家畜类特色食材十分丰富；其四是湘西地区，主要是菌类、腌腊制品、家畜类特色食材。这些优质的特色食材为湘菜的特色形成奠定了坚实的物质基础。

2. 湘菜烹饪技艺的继承与发展

先秦时期，从《楚辞·招魂》和《楚辞·大招》中记载的菜名"煎鲫鱼""烹野鸭"可以看出来，湖南饮食中已有烧、烤、焖、煎、煮、蒸、炖、醋烹、卤、酱等十余种烹调方法。在马王堆一号汉墓中出土的竹简上记载的食物，根据菜名可以判断出使用的烹调方法有炙、涮、炙、蒸、煮、濯、煎、熬、脍、脯、腊、醢、炮、腌、炒等，其中出现了羹类菜肴制作方法以及腌、脯、酱制食品的制作方法。在《五十二病方》中还记有多款食疗药膳的制作方法，可以说，当今许多湘菜传统烹饪技法都是从湘菜历史名菜中继承下来，而且具有浓郁的地方特色，如东安醋鸡、五圆蒸鸡、红煨方肉、酸辣笔筒鱿鱼、荤杂烩、一鸭四吃、腊味合蒸、麻辣仔鸡、红煨甲鱼裙爪、桂花蹄筋、花菇无黄蛋、剁椒鱼头等。湘菜历史发展至今，现在常用的烹调方法将近20种，有红烧、小炒、滑炒、软炒、熟炒、爆炒、红煨、炖、干烹、烩、粉蒸、清蒸、湘卤、熏腊、煮、煎、炸等，其中又以熏腊、炒、煨、炖、蒸最为著名，湘菜剁椒蒸鱼头、辣椒炒肉更是闻名大江南北。

3. 湘菜独特的调味技术

调味技术是湘菜传统烹饪技艺的核心，是形成湘菜色、香、味等风味特色的关键环节，在《楚辞·招魂》和《楚辞·大招》中，便有了盐、梅、醋、酒、椒、饴、蜜等制成的咸、酸、苦、辛、甘等味道；在马王堆汉墓出土的竹简上记载着多种调味品，有橘皮、花椒、茱萸、豆豉、葱、姜、盐、酱、曲、糖、蜜、韭、梅、桂皮、香菜等。宋朝开始，湘菜的烹调用油种类逐渐增多，有鸡油、猪油、芝麻油、菜籽油、花生油、茶油等。

清初开始，湘西、湘东、湘南地区开始种植与食用辣椒，"辣味"便从此时融入了湘菜的灵魂。辣椒在湘菜中的运用变化无穷，既可作主料，又可作配料、调料，也可加工成剁辣椒、干红椒、白辣椒、酱辣椒、泡辣椒等，湘菜可谓是在辣味中追求与其他味型的完美融合。湘菜常用的传统味型达二十多种，很多味型是其他地方菜系中没有或少见的，例如，鲊香、酸辣、咸酸、咸辣、腊香、豉香、咸鲜、紫苏、蒜香、酱香、椒盐、孜然、香辣、酸香、山胡椒、姜辣等味型。湘菜讲究原料入味，以鲜辣、酸辣味型最为出名，湘人最擅长调和辣味，特别是许多湘菜炒菜技法中，会同时具备"香、辣、鲜"三个味觉特点，能极大地促进食者的胃液分泌，使之食欲大开，津津有味。

4. 湖湘区域的自然环境与地理环境

湖南属于亚热带地区，气候温和，四季分明，土地肥沃，春夏多雨，秋冬干旱，冬寒期短，无霜期长。境域内东、南、西三面环山，西有武陵山脉、雪峰山脉，东有幕阜山脉、罗霄山脉，南有五岭山脉，湘北紧邻洞庭湖，地势低平，水面广，湘中多丘陵、盆地，有湘、资、沅、澧四水贯穿湖南全境，被誉为"鱼米之乡"。得天独厚的自然环境使湖南物产极为丰富，山区盛产山珍，江河湖泊盛产水产与水禽，平原盛产稻米果蔬，家畜养殖业也较发达。湖南大部分地区地势较低，气候多雨潮湿，古称"卑湿之地"，湖南人喜食"酸""辣"的饮食习惯与这种地理环境有关，因为湿气太重，人的机体会感觉疲惫，没有食欲，辣椒有御寒祛风湿的功效，酸味可以打开食欲，可以说这是湖南人的养生方式。

5. 湖南人独特的饮食习俗

食俗是一个地方民众长期以来的饮食习俗或者饮食习惯，饮食习俗一旦形成，会表现出一定的稳定性，反过来又会制约着湘菜特色的形成。湘人在口味上注重香鲜、酸辣、软嫩，讲究原料入味，因为这个饮食喜好，所以在烹调方法上湘菜传统烹饪技艺以煨、炖、腊、蒸、炒诸法著称。湘菜注重菜肴的"鲜"，就要充分考虑主要来自烹饪原料中的氨基酸呈鲜物质最大程度的溶解与释放出来，一是食物本身的鲜美；二是选择以煨、炖、蒸的烹调方法，使原料充分呈现出鲜味；三是湘菜讲究原料入味，追求"香"，因此湘菜最擅长的"小炒"应运而生，菜肴达到香嫩口感，就要旺火速成，不拖泥带水，因为"香"，多指挥发性的物质，锅中温度不够，原料中的香气无法合成。

三、湘菜的地域构成

随着历史的发展及湘菜烹饪技术的不断进步，湘菜逐步形成湘江流域、洞庭湖区、湘西山区、大湘南地区和大梅山地区五大地方风味流派。

一是湘江流域，以长沙、湘潭、株洲为中心，是湘菜的大本营，代表着湘菜最流行、最创新的技艺，特点是用料广泛，制作精细，特别注重刀工火候，所烹制的菜肴浓淡分明，色彩清晰，烹饪常用煨、炖、腊、蒸、炒、熘、烧、爆等技法，口味则多以酸辣、软嫩、香鲜、清淡、浓香为主，代表性菜肴有松鼠鳜鱼、麻辣仔鸡、鸭掌汤泡肚、发丝百叶、红煨鲍鱼、清炖牛肉、酱汁肘子等。

二是洞庭湖区，以常德、益阳、岳阳为中心，靠近洞庭湖，俗称鱼米之乡，水产品资源丰富。洞庭湖区鱼馔源远流长，民间以鱼待客蔚为风俗，以烹制家（水）禽、河（湖）鲜最为擅长，民间也素有"无鱼不成席"的俗语，湖湘鱼馔的发展，丰富了其深厚的内涵。洞庭湖区菜肴的烹制惯用炖、烧、腊、煨、蒸、汆（烫）的方法；菜品往往色重、芡大、油厚，口感以咸辣香软为主。代表性菜肴有红煨水鱼裙边、姜辣蟹等。

三是湘西山区，以湘西州、怀化、张家界等地为中心，物产多为山珍，民间习惯制作各种烟熏腊肉和腌制肉品，主要的烹调方法为蒸、炖、煨、煮、炒、炸等。少数民族以土家族、苗族、侗族、瑶族为主，喜食酸辣，酸食文化十分浓郁，烹饪方法朴素。湘菜名菜有腊味合蒸、重阳寒菌炖肉、酸肉等，最能反映山区风味特色的是大型地方风味宴席湖南熏烤腊全席。

四是大湘南地区，主要包含郴州、永州、衡阳等地方，大湘南地区位于湖南省的南端，气候宜人，光照充足，主要以山地地形为主，得天独厚的气候造就了该区域丰盈的物产，以烹制家禽、家畜、山珍见长，主要的烹调方法为炒、酿、蒸、炖、焖等，口味以辣为主，酸味做辅料。这些地方有很多湘菜名菜，如嘉禾血肠、临武鸭、东安仔鸡、永州血鸭、南岳斋菜、衡东脆肚、杨桥麸子肉等。

五是大梅山地区，主要包括娄底、邵阳及益阳少数地区。梅山区域内崇山峻岭，江河纵横，田陌交错，光照充分，雨水充沛，四季分明，适宜多种禽畜、水产、瓜果蔬菜栽培生长，为梅山菜提供了源源不断、丰富多样的原材料。调味注重香鲜、酸辣、软嫩，菜肴汤汁较多，擅长用砂罐子炖菜，喜好熏、腌、腊制食物，新化三合汤、猪血丸子、鲊埠牛肉等就是其中的代表名菜。

项目二
湘菜烹调一体化教程的学习内容

本教材对湘菜常用烹调方法进行分模块介绍，包含了以油为主要传热介质、以水为主要传热介质、以汽为主要传热介质的湘菜烹调方法及其他特殊烹调方法和湘式冷菜烹调，制作实例中既包含了传统湘菜又囊括了新派湘菜。本教材的知识结构如下图所示。

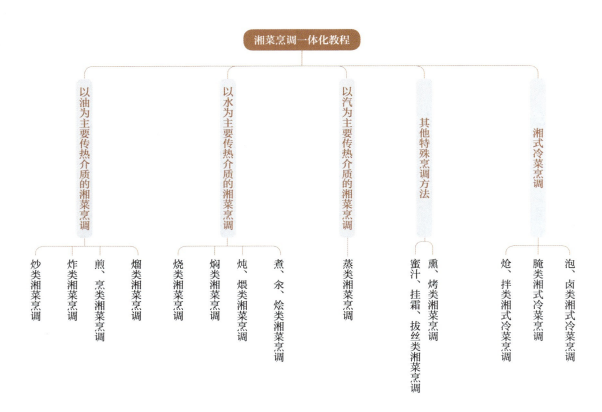

本教材的学习内容主要包括湘菜烹调理论及湘菜制作两大部分，同时对湘菜的起源、发展和形成因素进行了介绍。

一、湘菜历史发展、特点形成原因及风味流派构成

通过项目一的学习，可以更清晰地了解到湘菜在发展过程中几个重要的历史阶段，学习湘菜特点的形成因素可以进一步理解湘菜的文化内涵，学习湘菜流派的划分，可以初步了解地方饮食文化与特点，提升湘菜的文化内涵。

二、以烹调方法为主的湘菜烹调理论

这里主要是对湘菜烹调方法进行全面的整理与归类，将40多种湘菜烹调方法根据传热介质不同，划分到以油为传热介质、以水为传热介质、以汽为传热介质的烹调方法，其他特殊烹调方法，以及冷菜烹调五个部分。对每一种烹调方法从定义、工艺流程、操作关键、成品特点、代表菜品进行解读，一些烹调方法根据成品特点、工艺流程不同，又具体分成多个子类，比如烹调方法炒，又细分为小炒、生炒、滑炒、熟炒、软炒、清炒等。

三、代表湘菜的制作工艺学习

湘菜烹调理论来自湘菜的实践应用，对湘菜烹调方法理论的提炼与总结，是为了更好的指导湘菜制作工艺，根据中式烹调师国家职业资格鉴定初级、中级、高级、技师层次考试要求，本教材整理了233个湘菜教学品种，菜品涵盖传统湘菜与新派湘菜，包括各类湘菜烹调方法的代表菜品，通过这些菜品的学习与实践，可以较系统地了解到常见烹饪原料的属性及应用，对掌握好湘菜调味技法、刀工技法、切配、上浆、挂糊、勾芡、火候等中餐基本功有较大的帮助。

项目三
湘菜烹调一体化教程的学习意义

一、《湘菜烹调一体化教程》是湘菜一体化教学系列教材的重要组成部分

　　湘菜一体化教学系列教材包含《烹调基本功训练：刀工勺工》《烹饪原料加工技术》《湘菜调制工艺》《湘菜烹调一体化教程》《湘菜宴席设计与实务》。《湘菜烹调一体化教程》作为湘菜一体化教学系列教材的重要一环，起到承上启下的作用，既是对烹饪学习者刀工、勺工、原料初加工、调制技术的综合考查，同时也为学习《湘菜宴席设计与实务》奠定了扎实的理论和实践基础。

二、学习《湘菜烹调一体化教程》是学好湘菜技艺的基础

　　《湘菜烹调一体化教程》是湘菜职业教育中第一本较为完整地将湘菜理论与湘菜制作相结合的教材，理论比较系统，菜品选择不论从数量上看，还是从适合教学角度来看，其设计都是科学合理的，通过教学，可以更深入地了解湘菜烹调的理论知识，运用这些知识解释湘菜制作中的一些变化现象，更好地指导湘菜制作，熟练地掌握湘菜制作的关键技术。

三、丰富湘菜烹调理论知识

《湘菜烹调一体化教程》的理论部分是在传统湘菜烹饪技艺基础上总结、归纳出来的理论体系，并融合了新派湘菜中的新技法、新知识，是为湘菜烹调综合技能训练这门课程量身设计的。通过课程学习，可以清晰地构建湘菜理论的知识框架，对专业学生系统掌握湘菜烹调方法有较大的帮助，并为其今后的烹饪实践与创新打下扎实的理论基础。

四、提升自身的职业素养

《湘菜烹调一体化教程》将节约意识、安全意识、卫生意识、实训操作规范、实训纪律、团结协作能力、专心专注能力等职业素养融入课堂教学评价体系中，每一个菜品制作都有对应的评价标准，而职业素养就是其中一项重要评价指标，专业教师在专业学生操作的全过程中能做严格要求，使课程思政有效融入烹饪专业实训教学课程中，对提升专业学生职业素养有较好的帮助。

五、增强学生就业和创业能力

熟练掌握湘菜制作技术，提升自身的文化内涵与职业素养，不仅满足厨房岗位对职业技能的需要，而且可以培养学生的创新意识，既满足了就业的需要，又可以拓展创业素质，为学习者提供更多实现自我价值的途径。

项目四
湘菜烹调一体化教程的学习方法

一、培养学习兴趣，热爱烹饪

兴趣是最好的老师，是最大的动力。要学好湘菜烹调综合技能训练这门课程，必须端正态度，培养自己对烹饪的热爱，由要我学转变成我要学。

二、熟练掌握湘菜烹调的各项基本功

湘菜烹调基本功是指在烹制湘菜的各个环节中所必须掌握的实际操作技能和手法，包括原料属性、选料方法、刀工技法、切配技术、调味手段、灵活恰当地掌握火候、正确识别运用油温、挂糊上浆勾芡适度、翻锅技法熟练等内容。只有切实熟练基本功，才能按照不同烹调方法和成品特点，使做出的湘菜品质达到要求。

三、重视湘菜理论与实践应用

学好湘菜理论是为了解决湘菜为什么这么做的问题，解决知其然还要知其所以然的问题，首先要学好湘菜理论知识，用来指导湘菜制作，巩固操作技能。而熟练的操作技能，又可以丰富和提高理论知识。要防止片面性，避免产生只注重理论知识的学习而忽视操作技能的掌握，或者只会操作、不懂理论的倾向。

四、学会挖掘、整理、总结传统湘菜

湘菜制作技艺是历代湘菜厨师反复经过菜品实践总结出来的，特别是传统湘菜，其烹饪技法、调味手段及原料选择都具有较强科学性、审美性及食用性，很多传统湘菜蕴含了一定文化，挖掘、总结传统湘菜的制作技艺，对湘菜制作灵活创新具有较大的帮助。

五、培育工匠情怀，养成脚踏实地、勤学刻苦、严谨细心的职业精神

　　湘菜烹调综合技能训练是一门技术性、实践性很强的课程，要掌握它，需要锲而不舍地勤学苦练。因为一项技能的掌握，并非一朝一夕就能完成的，往往要经过反复的练习、总结、实践。对于初学者，必须要能够沉下心来，对原料初步加工、干料涨发、刀工刀法、调味加热、冷菜制作等每一项基本功，都需要脚踏实地、勤学刻苦的加强训练，筑牢基础，然后持之以恒的坚持，使自身操作技能不断进步，不断培育自身的工匠情怀和严谨细心的职业精神，争取早日成为一名烹饪大师。

项目五

湘菜烹调一体化教程的学习要求

一、了解湘菜的历史发展，感悟湖湘饮食文化

湘菜历史文化底蕴深厚，当今湘菜中的许多名菜和传统烹饪技艺，可以在很多历史文献古籍中找到源流，湘菜风味特色浓郁而鲜明，在众多地方菜中独树一帜，湘菜不仅是湖南的一张文化名片，也是湘人引以为豪的舌尖美食。学习湘菜烹调一体化教程，感悟湖湘饮食文化的博大精深，提升文化认同感和职业认同感。

二、掌握常见烹调方法工艺及操作关键

通过学习了解烹调方法的分类原则，掌握以油为传热介质、以水为传热介质、以汽为传热介质的热菜烹调方法及其他特殊烹调方法和冷菜烹调方法。能够运用所学知识解决实际生产中遇到的问题。

三、掌握常见湘菜的制作方法，能够举一反三

通过课前预习、课中学习实践和课后思考练习，能够掌握常见湘菜的原料组配、工艺流程、操作关键和成品特点，并熟悉装盘的基本要求，利用所学知识实现知识迁移，能够举一反三，进行菜品改良和创新。

四、能够在实际操作中提升职业能力和职业素养

烹饪是一门科学，也是一门艺术，烹饪行业是民生行业，因此要求烹饪工作者应具备较高的技能素质和高尚的厨德修养。在生产实践中着重培养诚信意识、质量意识、安全意识、卫生意识、竞争意识、创新意识和服务意识。

思考题

1. 湘菜的地域构成有哪些？
2. 影响湘菜形成的因素有哪些？
3. 湘菜烹调一体化教程的学习内容有哪些？
4. 湘菜烹调一体化教程的学习要求有哪些？
5. 想一想可以从哪几个方面更好的学习湘菜烹调一体化教程？
6. 在实际操作中如何提升自己的职业素养？

模块二

以油为主要传热介质的湘菜烹调

　　油传热是指在高温作用下烹饪原料与油脂直接接触从而对烹饪原料进行热加工的一种烹调工艺。以油为传热介质是烹调中常用的方法，古人识油、用油历史悠久，《周礼·天官冢宰》中就记载了动物油脂在烹饪中的作用，战国后期，植物油也登上了烹饪历史大舞台。以油为主要导热体的烹调方法大体有炒、爆、炸、煎、贴、油浸、油淋等，而湘菜诸多烹调方法中以油为主要传热介质进行加工的主要有炒、爆、炸、煎等。通过一代又一代湘菜厨师的传承和创新，每一种烹调方法又可以延伸出不同的子烹调方法，如炒在湘菜中又分为清炒、生炒、熟炒、小炒、干炒、滑炒、软炒、爆炒等。

1. 了解以油为主要传热介质的烹调方法分类。
2. 了解主要的油传热烹调方法的概念、工艺和操作关键。
3. 掌握常见的油传热烹调方法烹制菜肴的制作过程和关键点。
4. 能灵活利用所学知识解决实践中遇到的问题。

1. 炒类湘菜烹调
2. 炸类湘菜烹调
3. 煎、烹类湘菜烹调
4. 熘类湘菜烹调

项目一
炒类湘菜烹调

项目导读

　　炒是将原料加工成片、丝、条、丁、块等小型形状，放入少量油的锅中，用中旺火较短时间内加热成熟，调味成菜的一种烹调方法。炒是湘菜厨师最擅长的烹调方法之一，也是湘菜中使用最为广泛、最普及的一种烹调方法，炒的出现和铁锅的广泛使用有着直接关系。从文献记载看，"炒"这种烹调方法首次出现在《齐民要术》中。

实训任务

任务	任务编号	任务内容
任务1　清炒类湘菜烹调	实训1	炒响萝卜丝
	实训2	素炒三丝
	实训3	清炒土豆丝
	实训4	清炒藕尖
	实训5	韭菜炒莴笋丝
任务2　生炒类湘菜烹调	实训1	手撕包菜
	实训2	攸县血鸭
	实训3	仔姜炒仔鸡
	实训4	酸萝卜炒仔鸭
	实训5	樟树港辣椒炒肉
	实训6	樟树港辣椒炒鲜鲍
	实训7	辣椒五花肉炒海参
任务3　熟炒类湘菜烹调	实训1	蚂蚁上树
	实训2	茄子炒豆角
	实训3	芹菜炒香干
	实训4	擂辣椒炒四季豆
	实训5	东安仔鸡

任务	任务编号	任务内容
任务3　熟炒类湘菜烹调	实训6	葱香虾仁炒百合
	实训7	冬笋炒腊肉
	实训8	甜面酱炒回锅肉
	实训9	孜然牛肉
	实训10	茭瓜牛肉丝
	实训11	干鱿炒三丝
	实训12	发丝牛百叶
	实训13	韭菜炒河虾
	实训14	新派牛蛙
	实训15	擂辣椒扣肉
任务4　小炒类湘菜烹调	实训1	小炒肉
	实训2	小炒黄牛肉
	实训3	小炒仔鸭
	实训4	小炒黑山羊
	实训5	小炒猪肝
	实训6	农家小炒鲜鲍
	实训7	小炒鳝丁
	实训8	小炒田螺肉
	实训9	小炒河蚌
任务5　干炒类湘菜烹调	实训1	蛋炒饭
	实训2	酱油炒饭
	实训3	炒面
	实训4	炒粉
	实训5	干煸四季豆
	实训6	香辣猪肺
	实训7	宝庆太极图
	实训8	干煸牛肉丝
任务6　滑炒类湘菜烹调	实训1	青椒肉丝
	实训2	韭黄肉丝
	实训3	青豆虾仁
	实训4	宫保鸡丁
	实训5	鱼香肉丝
	实训6	银芽里脊丝
	实训7	子龙脱袍
	实训8	五彩鱼丝

续表

任务	任务编号	任务内容
任务7 爆炒类湘菜烹调	实训1	爆炒肚丝
	实训2	酸辣凤尾腰花
	实训3	酸辣笔筒鱿鱼
	实训4	麻辣仔鸡
	实训5	酸辣鸡杂
	实训6	酸辣肉丁
	实训7	酱爆肉片
	实训8	香菜牛肉丝
	实训9	爆炒毛肚
	实训10	香辣罗氏虾
任务8 软炒类湘菜烹调	实训1	桃胶炒鸡蛋
	实训2	桂花蹄筋
	实训3	鸡蓉海参

实训方法

任务1 清炒类湘菜烹调

任务导读~~~~~~~~~~~~~~~~~~~~~~~~~~~~

一、定义

清炒是将加工成片、丁、丝、条等小型的植物性原料，放入适量的热油锅中，不经过有色调味品调味，用旺火快速烹调成菜的一种烹调方法。

二、工艺流程

选料 → 原料初加工 → 刀工成形 → 烹调 → 装盘成菜

三、技术关键

1. 应选用质地鲜嫩或脆嫩的原料，以植物性原料为主，如莴笋、土豆、芽白等。
2. 要求刀工精细，规格划一，原料细小。
3. 以主料为主，配料较少。
4. 旺火速成，油量少。
5. 不经过有色调味品调味，口味清淡，成菜色泽清秀淡雅。

四、成品特点

主料单一，色泽清秀，质地鲜嫩，口味咸鲜，成菜清爽利落。

任务目标~~~~~~~~~~~~~~~~~~~~~~~~~~~~

1. 了解清炒的定义、工艺流程、成品特点和代表菜品。
2. 熟悉烹调方法清炒的原料选择要求、初加工方法和技术关键。
3. 掌握常见清炒类湘菜的制作方法。

实训 1 炒响萝卜丝

一、原料配备

主料：白萝卜500g。

调料：色拉油30g，盐20g，味精2g，干辣椒10g，葱15g。

二、操作流程

1. 将白萝卜去皮，葱洗净待用。
2. 白萝卜切成6~8cm长、0.2cm粗的丝，干辣椒切丝，葱切成4cm长的段。
3. 将萝卜丝放在碗中，加适量的盐，抓拌均匀，静置5min后将萝卜丝挤干水分。将净锅置旺火上，倒入色拉油，下入干辣椒丝，煸香，下萝卜丝、味精、葱段，翻炒均匀，出锅，装盘成菜。

三、成品特点

萝卜丝响脆，咸鲜香辣。

四、操作关键

1. 萝卜丝粗细均匀、长短一致。
2. 萝卜丝腌制的盐要适量，腌好后要充分挤干水分，确保萝卜的响脆。
3. 炒制时必须旺火速成。

五、评价标准

总得分

项次	项目及技术要求	分值设置	得分
1	器皿干净、个人卫生达标	10	
2	萝卜丝粗细均匀、长短一致	30	
3	萝卜丝响脆	30	
4	味道咸鲜	20	
5	卫生干净、工具摆放整齐	10	

实训 2
素炒三丝

一、原料配备

主料： 白萝卜150g，胡萝卜150g，莴笋150g。

调料： 色拉油50g，盐5g，味精2g。

二、操作流程

1. 将白萝卜、胡萝卜、莴笋去皮，洗净待用。

2. 将白萝卜、胡萝卜、莴笋均切成6~8cm长、0.2cm粗的丝。

3. 将净锅置旺火上，滑锅后倒入色拉油，依次下胡萝卜丝、白萝卜丝、莴笋丝，翻炒均匀，加盐、味精调味，翻炒均匀，出锅，装盘成菜。

三、成品特点

红白绿相间，味道咸鲜，口感脆爽。

四、操作关键

1. 三丝粗细均匀、长短一致。

2. 根据原料性质依次投料。

3. 调味后迅速翻炒均匀。

五、评价标准

总得分

项次	项目及技术要求	分值设置	得分
1	个人卫生达标、器皿清洁干净	10	
2	三丝粗细均匀、长短一致	30	
3	味道咸鲜	20	
4	三丝脆爽	30	
5	卫生打扫干净、工具摆放整齐	10	

实训 3

清炒土豆丝

一、原料配备

主料：土豆300g。

配料：青椒50g。

调料：色拉油50g，盐4g，味精2g。

二、操作流程

1. 将土豆去皮，青椒去蒂、籽，洗净待用。

2. 将土豆切成6~8cm长、0.2cm粗的丝，放入清水中浸泡；青椒切成与土豆丝粗细、长短一致的丝。

3. 将净锅置旺火上，滑锅后倒入色拉油，依次下土豆丝、青椒丝，翻炒至断生，加盐、味精调味，翻炒均匀，出锅，装盘成菜。

三、成品特点

土豆丝脆嫩，口味咸鲜。

四、操作关键

1. 土豆丝粗细均匀、大小一致。

2. 土豆丝需泡水，去除一定的淀粉，防止翻炒时淀粉糊化而粘连。

3. 调味准确，旺火速成。

五、评价标准

总得分

项次	项目及技术要求	分值设置	得分
1	操作姿势正确、规格符合要求	10	
2	土豆丝粗细均匀、长短一致	20	
3	土豆脆嫩	30	
4	味道咸鲜	30	
5	卫生打扫干净、工具摆放整齐	10	

实训4 清炒藕尖

一、原料配备

主料：藕尖350g。

配料：青椒50g。

调料：色拉油50g，盐3g，味精2g，白醋20g。

二、操作流程

1. 将青椒去蒂、籽，藕尖洗净待用。
2. 将藕尖切成0.1cm厚的片，放入碗中，加白醋和水浸泡5min后沥干水分待用，青椒切菱形片。
3. 将净锅置旺火上，滑锅后倒入色拉油，依次下藕尖、青椒片，炒至断生，加盐、味精调味，翻炒均匀，出锅，装盘成菜。

三、成品特点

藕尖脆嫩，色泽白亮，酸咸适口。

四、操作关键

1. 藕尖切片，厚薄一致。
2. 切好的藕尖需用白醋和水泡，防止藕尖变色，同时增加藕的酸度。
3. 旺火速成，藕尖炒至断生立即调味，不可久炒。

五、评价标准

总得分

项次	项目及技术要求	分值设置	得分
1	器皿清洁干净、个人卫生达标	10	
2	藕尖厚薄一致	30	
3	藕尖白亮	30	
4	藕尖脆嫩、酸咸适口	20	
5	卫生打扫干净、工具摆放整齐	10	

实训 5 韭菜炒莴笋丝

一、原料配备

主料：莴笋300g。

配料：韭菜100g，尖红椒20g。

调料：色拉油50g，盐3g，味精2g。

二、操作流程

1. 将莴笋去皮，尖红椒去蒂去籽，洗净待用。
2. 将莴笋切成6cm长、0.2cm粗的丝，韭菜切成6cm长的段，尖红椒切成6cm长的丝。
3. 净锅置旺火上，滑锅后倒入色拉油，依次下尖红椒丝、莴笋丝炒至断生，下韭菜段、盐、味精，翻炒均匀，出锅，装盘成菜。

三、成品特点

色泽清秀，口感脆嫩，口味咸鲜。

四、操作关键

1. 莴笋丝要求粗细均匀、长短一致，韭菜段与尖红椒丝与莴笋丝长度一致。
2. 旺火速成，韭菜不能炒软，莴笋丝碧绿。

五、评价标准

总得分

项次	项目及技术要求	分值设置	得分
1	器皿清洁干净、个人卫生达标	10	
2	莴笋丝粗细均匀、长短一致	30	
3	韭菜熟而不软、莴笋碧绿脆嫩	30	
4	口味咸鲜	20	
5	卫生打扫干净、工具摆放整齐	10	

任务2　生炒类湘菜烹调

任务导读

一、定义

生炒是将未经初熟处理的原料，经过刀工处理成小型形状，直接放入适量热油锅中烹调成菜的一种烹调方法。

二、工艺流程

选料 → 原料初加工 → 刀工成形 → 烹调 → 装盘成菜

三、技术关键

1. 应选用质地鲜嫩或脆嫩的原料，以动物性原料为主，如猪肉、牛肉、鸡肉等。

2. 原料细小、大小均匀，动物性原料一般要去骨、去筋膜。

3. 烹制时要做到旺火、热锅、少油、快速翻炒出锅。生炒的技巧可概括为"活""快""准""轻"四个字。"活"是指手法灵活、配合默契，"快"是指出手快，"准"是指下调料准，"轻"是指出手要轻、用力要匀。

4. 生炒所用的原料不用初步熟处理、不挂糊、不上浆、不拍粉，有的原料需要腌制入味，旺火速成，成品咸鲜脆嫩，起锅时不勾芡。

四、成品特点

质地脆嫩，口味以咸鲜为主。

任务目标

1. 了解生炒的定义、工艺流程、成品特点和代表菜品。
2. 熟悉烹调方法生炒的原料选择要求、初加工方法和技术关键。
3. 掌握常见生炒类湘菜的制作方法。

实训 1 手撕包菜

一、原料配备

主料：包菜300g。

调料：猪油50g，盐3g，味精2g，陈醋15g，干辣椒20g，蒸鱼豉油20g。

二、操作流程

1. 将包菜清洗干净，撕成小块，干辣椒切成3cm长的小段。
2. 将净锅置旺火上，加猪油烧至六成热，放入干辣椒炒出煳辣味后下入包菜，用旺火炒至断生，加盐、味精和蒸鱼豉油调味，烹入陈醋，翻炒均匀，出锅，装盘成菜。

三、成品特点

咸鲜煳辣，爽脆清甜，醋香突出。

四、操作关键

1. 加工包菜需用手撕成小块。
2. 干辣椒需炝出煳辣味。
3. 陈醋需沿锅边烹入，醋香突出。
4. 旺火速成，包菜爽脆清甜。

五、评价标准

总得分

项次	项目及技术要求	分值设置	得分
1	器皿清洁干净、个人卫生达标	20	
2	包菜爽脆清甜	30	
3	咸鲜煳辣、醋香突出	30	
4	卫生打扫干净、工具摆放整齐	20	

实训 2

攸县血鸭

一、原料配备

主料：麻鸭1只（约1000g）。

配料：尖红椒100g。

调料：色拉油100g，盐3g，味精2g，酱油10g，醋20g，甜酒水30g，蒜子50g，姜50g。

二、操作流程

1. 麻鸭宰杀后将鸭血滴入装有盐和醋的碗中，搅拌均匀。鸭子去毛去内脏后清洗干净，尖红椒去蒂，姜去皮清洗干净待用。

2. 将鸭肉砍成丁状，尖红椒切指甲片，姜、蒜切米粒状。

3. 将净锅置旺火上，倒入色拉油烧至六成热，下鸭丁煸炒出香味，下姜、蒜和尖红椒，加盐、味精、酱油、甜酒水调色调味，翻炒均匀。出锅前离火淋入鸭血，翻炒均匀，使鸭血均匀包裹在鸭肉表面，出锅，装盘成菜。

三、成品特点

色泽红褐色，鸭血香滑，鸭肉鲜嫩，咸鲜香辣。

四、操作关键

1. 鸭血中需加盐和醋，顺着一个方向搅拌均匀，防止凝固。

2. 鸭肉砍成丁状，便于入味。

3. 火候控制得当，旺火速成保持鸭肉鲜嫩。

4. 离火淋入鸭血，迅速翻炒均匀。

五、评价标准

总得分

项次	项目及技术要求	分值设置	得分
1	器皿清洁干净、个人卫生达标	10	
2	色泽红褐色、鸭血均匀包裹在鸭肉表面	20	
3	鸭丁大小均匀	30	
4	鸭肉鲜嫩、咸鲜香辣	30	
5	卫生打扫干净、工具摆放整齐	10	

实训3 仔姜炒仔鸡

一、原料配备

主料： 仔鸡1只（约1000g）。

配料： 仔姜50g，尖红椒50g。

调料： 菜籽油100g，盐5g，味精3g，酱油10g，料酒20g，生抽10g，葱50g。

二、操作流程

1. 仔鸡宰杀，去毛去内脏，清洗干净。仔姜、尖红椒、葱清洗干净待用。

2. 将仔鸡剁成小块，仔姜、尖红椒切片，葱切段。

3. 将净锅置旺火上，滑锅后倒入菜籽油，下仔姜煸炒干香后，下入仔鸡煸炒，待煸干水分出香味后加入尖红椒片合炒，烹料酒，加盐、味精、生抽、酱油调味定色，撒葱段，翻炒均匀，出锅，装盘成菜。

三、成品特点

色泽黄亮，姜香浓郁，鸡肉干香，咸鲜香辣。

四、操作关键

1. 鸡肉剁成大小均匀的块。

2. 控制好火候，需把姜煸出香味，鸡肉炒至干香。

3. 调味准确，咸鲜香辣。

五、评价标准

总得分

项次	项目及技术要求	分值设置	得分
1	器皿清洁干净、个人卫生达标	10	
2	色泽黄亮、鸡块大小均匀	30	
3	鸡肉干香、姜香浓郁	20	
4	调味准确、咸鲜香辣	30	
5	卫生打扫干净、工具摆放整齐	10	

实训 4 酸萝卜炒仔鸭

一、原料配备

主料： 仔鸭1只（约1000g）。

配料： 酸萝卜100g，小米辣50g。

调料： 色拉油75g，盐3g，味精2g，酱油5g，姜30g，蒜子30g。

二、操作流程

1. 将仔鸭宰杀，去毛去内脏后清洗干净，小米辣去蒂与酸萝卜、姜一起清洗干净待用。
2. 将仔鸭砍成丁状，姜、蒜和酸萝卜切大小均匀的丁，小米辣切丁。
3. 将净锅置旺火上，滑锅后倒入色拉油，烧至六成热，下姜、蒜炒香，下仔鸭煸干水分炒出香味，加盐、味精、酱油调味调色，下酸萝卜、小米辣翻炒均匀，出锅，装盘成菜。

三、成品特点

萝卜酸爽脆嫩，仔鸭干香，咸鲜酸辣。

四、操作关键

1. 仔鸭砍成大小均匀的块，酸萝卜切成大小一致的丁。
2. 仔鸭需煸干水分。
3. 调味准确，咸鲜酸辣。

五、评价标准

总得分

项次	项目及技术要求	分值设置	得分
1	器皿清洁干净、个人卫生达标	10	
2	仔鸭块大小均匀	30	
3	仔鸭干香、酸萝卜脆嫩	20	
4	调味准确、咸鲜酸辣	30	
5	卫生打扫干净、工具摆放整齐	10	

实训 5

樟树港辣椒炒肉

一、原料配备

主料： 猪前腿肉300g。

配料： 樟树港辣椒150g。

调料： 色拉油50g，盐3g，味精2g，酱油5g，蚝油20g，蒜子20g。

二、操作流程

1. 将樟树港辣椒去蒂与猪前腿肉分别清洗干净待用。
2. 将猪前腿肉切薄片，加盐、酱油腌制入味。将樟树港辣椒切滚料块，蒜子切指甲片。
3. 将净锅置旺火上，滑锅后倒入色拉油烧至五成热，下猪前腿肉煸炒至断生盛出。锅洗净倒入色拉油，放入蒜子、樟树港辣椒煸炒出香味，放入炒好的猪前腿肉，加盐、味精、蚝油调味，翻炒均匀，出锅，装盘成菜。

三、成品特点

色泽油亮，辣椒脆嫩，猪肉鲜嫩，咸鲜香辣。

四、操作关键

1. 猪肉切片，要求大小一致、厚薄均匀。
2. 旺火速成，确保猪肉鲜嫩、辣椒脆嫩。
3. 调味准确，咸鲜香辣。

五、评价标准

总得分

项次	项目及技术要求	分值设置	得分
1	器皿清洁干净、个人卫生达标	10	
2	猪前腿肉切片厚薄均匀	30	
3	猪肉鲜香、樟树港辣椒脆嫩	30	
4	调味准确、咸鲜香辣	20	
5	卫生打扫干净、工具摆放整齐	10	

实训 6 樟树港辣椒炒鲜鲍

一、原料配备

主料： 鲜鲍鱼500g。

配料： 五花肉100g，樟树港辣椒100g。

调料： 猪油50g，盐3g，味精2g，酱油5g，蚝油20g，蒜子20g。

二、操作流程

1. 将鲜鲍鱼宰杀清洗干净，樟树港辣椒去蒂，五花肉清洗干净待用。

2. 将鲜鲍鱼斜刀切薄片，加盐、酱油腌制入味。五花肉切薄片，樟树港辣椒切片，蒜子切指甲片。

3. 将净锅置旺火上，滑锅后倒入猪油烧至五成热，下入五花肉煸炒至卷曲，放入蒜子、辣椒煸炒出香味，加盐调味，下入鲜鲍鱼快速翻炒至成熟，加味精、蚝油提鲜，翻炒均匀，出锅，装盘成菜。

三、成品特点

香味浓郁，鲍鱼、樟树港辣椒脆嫩，咸鲜香辣。

四、操作关键

1. 鲍鱼、五花肉切片，要求厚薄均匀，大小一致。

2. 旺火速成，确保鲍鱼、樟树港辣椒脆嫩。

3. 调味准确，咸鲜香辣。

五、评价标准

总得分

项次	项目及技术要求	分值设置	得分
1	器皿清洁干净、个人卫生达标	10	
2	鲍鱼和五花肉厚薄均匀、大小一致	30	
3	鲍鱼、樟树港辣椒脆嫩	30	
4	调味准确、咸鲜香辣	20	
5	卫生打扫干净、工具摆放整齐	10	

实训 7 辣椒五花肉炒海参

一、原料配备

主料： 水发海参200g。

配料： 五花肉100g，尖青椒100g。

调料： 色拉油75g，盐3g，味精2g，料酒50g，生抽20g，蚝油30g，酱油10g，葱50g，姜30g，蒜子30g。

二、操作流程

1. 将尖青椒去蒂与水发海参、五花肉、葱、姜清洗干净待用。
2. 将水发海参斜刀切薄片，五花肉切大小一致的薄片，尖青椒切片，蒜子切指甲片。
3. 锅洗净加入清水、葱、姜和料酒，下海参焯水去腥味，倒出沥干水分。将净锅置旺火上，滑锅后倒入色拉油烧至五成热，下入五花肉煸炒出油，下入蒜子、尖青椒炒出香味后，放海参一起煸炒，加盐、味精、酱油、生抽和蚝油调色调味，翻炒均匀，出锅，装盘成菜。

三、成品特点

香味浓郁，海参软嫩，咸鲜香辣。

四、操作关键

1. 海参、五花肉切片需保持大小一致、厚薄均匀。
2. 海参需焯水处理，去除腥味。
3. 调味准确，咸鲜香辣。

五、评价标准

总得分

项次	项目及技术要求	分值设置	得分
1	器皿清洁干净、个人卫生达标	10	
2	海参和五花肉大小一致、厚薄均匀	20	
3	海参软嫩、无异味	30	
4	调味准确、咸鲜香辣	30	
5	卫生打扫干净、工具摆放整齐	10	

任务3　熟炒类湘菜烹调

任务导读

一、定义

熟炒是将经过刀工处理的半熟或断生的净料，用少量油在中旺火中进行烹调成菜的一种烹调方法。

二、工艺流程

选料 → 原料初加工 → 刀工成形 → 初步熟处理 → 烹调 → 装盘成菜

三、技术关键

1. 熟炒类菜肴原料需要经过初步熟处理，根据原料的不同性质，选择不同的初步熟处理方式，以焯水、水煮、汽蒸、油炸、油煎等为主。

2. 熟炒的原料一般不上浆、不挂糊，少部分菜肴需要勾芡。

3. 熟炒过程中应灵活掌握火候，一般以中火为主。

四、成品特点

口味咸鲜爽口，质地软嫩，醇香浓厚。

任务目标

1. 了解熟炒的定义、工艺流程、成品特点和代表菜品。
2. 熟悉烹调方法熟炒的原料选择要求、初加工方法和技术关键。
3. 掌握常见熟炒类湘菜的制作方法。

实训1 蚂蚁上树

一、原料配备

主料： 龙口粉丝150g。

配料： 五花肉50g。

调料： 色拉油50g，盐3g，味精2g，酱油5g，豆瓣酱10g，葱20g。

二、操作流程

1. 将粉丝用冷水浸泡，五花肉洗净待用。
2. 将粉丝改段，豆瓣酱剁碎，五花肉剁成肉末，葱切花待用。
3. 将净锅置旺火上，滑锅后倒入色拉油烧至五成热，下肉末煸酥，下豆瓣酱炒香，下粉丝炒制，加盐、酱油、味精调味调色，待肉末粘在粉丝上时，撒葱花，出锅，装盘成菜。

三、成品特点

色泽红亮，肉末粘在粉丝上，咸鲜香辣，粉丝富有弹性。

四、操作关键

1. 粉丝需泡发透彻。
2. 肉末要煸酥才能粘在粉丝上。
3. 调味准确，咸鲜香辣。

五、评价标准

总得分

项次	项目及技术要求	分值设置	得分
1	器皿清洁干净、个人卫生达标	10	
2	色泽红亮、肉末粘在粉丝上	30	
3	调味准确、咸鲜香辣	20	
4	粉丝富有弹性有嚼劲	30	
5	卫生打扫干净、工具摆放整齐	10	

实训 2

茄子炒豆角

一、原料配备

主料：长豆角200g，茄子200g。

调料：色拉油1000g（实耗80g），盐5g，味精2g，蒸鱼豉油10g，干辣椒5g。

二、操作流程

1. 将长豆角洗净去蒂、筋，茄子去蒂清洗干净。

2. 茄子要先切成1cm厚的片，再切成7cm长、1cm粗的条，用清水浸泡；长豆角切成7cm长的段，干辣椒切成2cm长的段，去籽。

3. 将净锅置旺火上，滑锅后倒入色拉油烧至六成热，先下茄子再下豆角炸至断生，捞出沥油。锅内留底油，下干辣椒段，煸香后下豆角、茄子，翻炒均匀，加盐、味精、蒸鱼豉油调味，翻炒均匀，出锅，装盘成菜。

三、成品特点

咸鲜香辣，豆角软嫩，茄子软烂。

四、操作关键

1. 茄子、豆角需保持长短一致。

2. 茄子改刀后需要泡水，防止变色。

3. 茄子、豆角的炸制油温为六成热，豆角炸至起皮，茄条炸至两端下垂。

4. 调味准确，咸鲜香辣。

五、评价标准

总得分

项次	项目及技术要求	分值设置	得分
1	器皿清洁干净、个人卫生达标	10	
2	茄子、豆角长短一致	30	
3	调味准确、咸鲜香辣	20	
4	豆角软嫩、茄子软烂	30	
5	卫生打扫干净、工具摆放整齐	10	

实训3
芹菜炒香干

一、原料配备

主料： 香干4片。

配料： 芹菜200g，尖红椒50g。

调料： 色拉油100g，盐3g，味精2g，酱油5g。

二、操作流程

1. 将尖红椒去蒂，芹菜去叶，与香干一起洗净待用。
2. 将香干切成0.3cm厚的片，芹菜切成4cm长的段，尖红椒切相应长的条。
3. 将净锅置旺火上，倒入色拉油烧至六成热，下香干煎至两面金黄，加盐、酱油调味调色盛出。锅洗净，倒入色拉油烧至五成热，下芹菜、尖红椒炒香，加盐、味精调味，下香干，翻炒均匀，出锅，装盘成菜。

三、成品特点

香干软嫩，芹菜脆嫩，咸鲜香辣。

四、操作关键

1. 香干需切成厚薄均匀的片。
2. 火候控制得当，香干需煎至两面金黄，芹菜炒至断生即可。
3. 调味准确，咸鲜香辣。

五、评价标准

总得分

项次	项目及技术要求	分值设置	得分
1	器皿清洁干净、个人卫生达标	10	
2	香干厚薄一致	20	
3	调味准确、咸鲜香辣	30	
4	香干软嫩、芹菜脆嫩	30	
5	卫生打扫干净、工具摆放整齐	10	

实训 4

擂辣椒炒四季豆

一、原料配备

主料：四季豆300g。

配料：尖青椒150g。

调料：色拉油1000g（实耗50g），盐5g，味精2g，生抽3g，蒜子15g，香油5g。

二、操作流程

1. 将四季豆去筋，尖青椒去蒂，清洗干净。
2. 将四季豆切成5cm长的段，尖青椒用刀背拍扁，蒜子切末。
3. 将净锅置旺火上，倒入色拉油烧至六成热，下四季豆炸至外表起皱时捞出沥油；锅洗净，下尖青椒用中小火边炒边擂，炒至辣椒起皱，放油，加入蒜末、四季豆，翻炒均匀，加生抽、盐、味精调味调色，翻炒均匀，淋香油，出锅，装盘成菜。

三、成品特点

辣椒软烂，四季豆脆嫩，咸鲜香辣。

四、操作关键

1. 四季豆的筋要去干净，否则会影响成品的口感。
2. 四季豆初步熟处理的油温为六成热，炸至外表起皱。
3. 擂辣椒无须放油，炒至表皮起皱。

五、评价标准

总得分

项次	项目及技术要求	分值设置	得分
1	个人卫生达标、器皿清洁干净	10	
2	四季豆长短一致	20	
3	四季豆脆嫩、辣椒软烂	30	
4	味道咸鲜香辣	30	
5	卫生打扫干净、工具摆放整齐	10	

实训 5　东安仔鸡

一、原料配备

主料： 仔鸡1只（约1000g）。

配料： 尖红椒25g。

调料： 色拉油75g，盐5g，味精3g，姜20g，花椒5g，米醋25g，水淀粉25g，葱25g，鸡汤200g，香油30g。

二、操作流程

1. 将鸡宰杀去毛、内脏洗净，尖红椒去蒂与葱、姜一起洗净待用。

2. 将净锅置火上倒入水，旺火烧开，离火将鸡放入焐至七成熟捞出（焐的过程中放入葱结和姜片），用冷水冲凉，鸡腿去骨，切成5cm长、2cm宽的条。尖红椒、姜切5cm长的丝，花椒切末，葱切3cm长的段。

3. 将净锅置旺火上，倒入色拉油烧至六成热，下姜丝、尖红椒丝、花椒末炒香，下鸡条炒制，烹入米醋，加入鸡汤，旺火烧开，加盐、味精调味，烧至入味，且汤汁快收干时勾芡，下葱段，翻炒均匀，淋入香油，出锅，装盘成菜。

三、成品特点

麻辣香酸，咸鲜软嫩，醋香味突出。

四、操作关键

1. 焐制过程的水量要淹没鸡身，水温应控制在90℃左右，不能沸腾。

2. 醋淋在锅的边缘，挥发出香味。

3. 调味准确，咸鲜、麻辣、香酸。

4. 勾芡适当，明油亮芡。

五、评价标准

总得分

项次	项目及技术要求	分值设置	得分
1	器皿清洁干净、个人卫生达标	10	
2	鸡条大小均匀	20	
3	麻辣香酸、醋香浓郁	30	
4	鲜香软嫩、明油亮芡	30	
5	卫生打扫干净、工具摆放整齐	10	

实训
6

葱香虾仁炒百合

一、原料配备

主料： 基围虾300g。

配料： 百合150g。

调料： 色拉油1000g（实耗100g），盐3g，味精2g，料酒15g，葱30g，姜15g，生抽5g。

二、操作流程

1. 将基围虾取出虾仁，洗净，百合、葱、姜洗净待用。

2. 虾仁背开一刀，加盐、料酒腌制入味。葱打结放入锅中，加油，用小火熬制葱油，倒出过滤，取葱油待用。

3. 将净锅置旺火上，加水烧沸，将百合焯水，倒出沥干水分。净锅倒入色拉油，烧至四成热，将虾仁过油，倒出沥油；锅内留底油，放入虾仁、百合合炒，加盐、生抽、味精调味，翻炒均匀，淋葱油，出锅，装盘成菜。

三、成品特点

葱香浓郁，虾仁滑嫩，百合脆嫩，口味咸鲜。

四、操作关键

1. 取虾仁时去除虾线。

2. 熬葱油时葱与油的比例为1∶2。

3. 虾仁过油的油温为四成热，百合焯水需沸水下锅，时间不宜过长。

4. 调味准确适时。

五、评价标准

总得分

项次	项目及技术要求	分值设置	得分
1	器皿清洁干净、个人卫生达标	10	
2	色泽清秀	20	
3	虾仁滑嫩、百合脆嫩	30	
4	葱香浓郁、味道咸鲜	30	
5	卫生打扫干净、工具摆放整齐	10	

实训 7　冬笋炒腊肉

一、原料配备

主料：腊肉200g。

配料：净冬笋200g，大蒜100g。

调料：色拉油75g，盐2g，味精2g，辣椒粉10g，酱油5g。

二、操作流程

1. 将腊肉、大蒜、冬笋洗净待用。

2. 腊肉上笼蒸15min取出，切成0.2cm厚的片。将净冬笋顺着纹路切相应的片，大蒜切成3cm长的段。腊肉、冬笋分别焯水，沥干水分待用。

3. 将净锅置旺火上，滑锅后倒入色拉油，烧至六成热，下腊肉煸出香味，放酱油调色，下冬笋煸炒，加辣椒粉炒出香味，加盐、味精、大蒜翻炒均匀，出锅，装盘成菜。

三、成品特点

肥而不腻，瘦而不柴，腊肉香软，冬笋脆嫩，咸鲜香辣。

四、操作关键

1. 腊肉、冬笋切片要求大小厚薄均匀。

2. 腊肉需蒸制后再切，便于切片。

3. 腊肉需焯水去掉咸味，冬笋焯水去掉涩味。

4. 火候控制得当，腊肉需煸炒出油；冬笋不易久炒，需保持脆嫩。

5. 调味准确，咸鲜香辣。

五、评价标准

总得分

项次	项目及技术要求	分值设置	得分
1	器皿清洁干净、个人卫生达标	10	
2	腊肉、冬笋大小厚薄均匀	30	
3	腊肉油而不腻、冬笋脆嫩	20	
4	调味准确、咸鲜香辣	30	
5	卫生打扫干净、工具摆放整齐	10	

实训
8

甜面酱炒回锅肉

一、原料配备

主料：带皮猪五花肉300g。

配料：净冬笋50g，尖红椒50g，大蒜50g。

调料：色拉油75g，盐2g，味精2g，酱油3g，甜面酱25g，水淀粉10g，高汤100g。

二、操作流程

1. 将带皮猪五花肉燎毛，用温水刮洗干净；尖红椒、冬笋洗净待用。

2. 将净锅置旺火上，加适量的水，下五花肉煮至九成熟捞出沥干水分，切成6cm长、3cm宽、0.3cm厚的片。冬笋切成5cm长、2cm宽、0.3cm厚的片，大蒜切成3cm长的段，尖红椒切菱形片。

3. 将净锅置旺火上，倒入色拉油烧至五成热，下入五花肉煸炒至出油并卷曲，再下冬笋、尖红椒、甜面酱、酱油、盐、味精合炒，加入高汤稍焖，至水分快收干时，加入大蒜，勾芡淋油，翻炒均匀，出锅，装盘成菜。

三、成品特点

色泽红亮，肥而不腻，瘦而不柴，咸鲜香辣，微甜。

四、操作关键

1. 五花肉燎毛后需刮洗干净，煮至八成熟。

2. 五花肉需凉凉后再横纹切成厚薄一致的片，否则易碎。

3. 火候控制得当，煸炒五花肉需炒至灯盏窝状。

4. 调味准确，咸鲜香辣。

5. 勾芡适量，明油亮芡。

五、评价标准

总得分

项次	项目及技术要求	分值设置	得分
1	器皿清洁干净、个人卫生达标	10	
2	色泽红亮、明油亮芡	30	
3	刀工精细、五花肉厚薄一致	20	
4	调味准确、咸鲜香辣	30	
5	卫生打扫干净、工具摆放整齐	10	

实训9 孜然牛肉

一、原料配备

主料：牛里脊300g。

配料：尖红椒50g，蒜苗100g。

调料：色拉油1000g（实耗75g），盐3g，味精2g，酱油5g，孜然粉10g，干辣椒粉10g。

二、操作流程

1. 将尖红椒、牛里脊、蒜苗清洗干净待用。

2. 将牛里脊切成0.2cm厚的片，加盐、酱油腌制入味。尖红椒切碎，蒜苗切米粒状。

3. 将净锅置旺火上，滑锅后倒入色拉油烧至五成热，下牛肉片滑散至断生捞出沥油。锅内留底油，烧至六成热，放尖红椒、蒜苗、干辣椒粉炒香，放牛肉，加盐、味精、孜然粉调味，翻炒均匀，出锅，装盘成菜。

三、成品特点

软嫩鲜香，孜然味浓，咸鲜香辣。

四、操作关键

1. 牛肉需切成大小均匀、厚薄一致的片。

2. 过油的油温不宜太高，确保牛肉软嫩。

3. 调味准确，孜然味浓，咸鲜香辣。

五、评价标准

总得分

项次	项目及技术要求	分值设置	得分
1	器皿清洁干净、个人卫生达标	10	
2	牛肉片大小均匀、厚薄一致	20	
3	牛肉软嫩	30	
4	调味准确、孜然味浓、咸鲜香辣	30	
5	卫生打扫干净、工具摆放整齐	10	

实训 10

茭瓜牛肉丝

一、原料配备

主料： 牛里脊200g。

配料： 茭瓜100g，尖红椒50g，尖青椒50g。

调料： 色拉油75g，盐3g，味精2g，酱油5g，料酒10g，香油10g，水淀粉10g。

二、操作流程

1. 将尖红椒和尖青椒去蒂与牛里脊、茭瓜清洗干净待用。

2. 将牛里脊切成7cm长、0.3cm粗的丝，加盐、酱油和料酒腌制入味。茭瓜、尖红椒、尖青椒分别切成7cm长、0.3cm粗的丝。

3. 将净锅置旺火，滑锅后倒入色拉油烧至五成热，将牛肉下入锅中迅速炒至断生盛出。锅内留底油，下茭瓜煸炒至软嫩，放青椒丝、红椒丝和牛肉翻炒，加盐、味精调味，勾芡淋香油，出锅，装盘成菜。

三、成品特点

牛肉滑嫩，茭瓜软嫩，咸鲜香辣，明油亮芡。

四、操作关键

1. 刀工精细，牛肉丝、茭瓜丝、辣椒丝粗细均匀。

2. 牛肉丝上浆饱满。

3. 火候控制得当，牛肉滑嫩，茭瓜软嫩。

4. 调味准确，咸鲜香辣。

五、评价标准

项次	项目及技术要求	分值设置	得分
		总得分	
1	器皿清洁干净、个人卫生达标	10	
2	刀工精细、原料粗细均匀	30	
3	牛肉滑嫩、茭瓜软嫩	30	
4	调味准确、咸鲜香辣	20	
5	卫生打扫干净、工具摆放整齐	10	

实训 11　干鱿炒三丝

一、原料配备

主料：干鱿鱼150g。

配料：猪里脊150g，韭黄100g，净冬笋100g，尖红椒20g。

调料：色拉油1000g（实耗100g），盐3g，味精2g，酱油3g，葱20g，水淀粉15g，香油5g。

二、操作流程

1. 将干鱿鱼用水反复冲泡2~3遍，洗净泥沙，沥干水分，切成约0.1cm粗的丝，放入碗中。
2. 将韭黄、冬笋、尖红椒分别清洗干净。里脊肉先片成约0.2cm厚的片，再切成8cm长、0.2cm粗的丝，加盐、酱油和水淀粉上浆待用；冬笋、尖红椒洗净，分别切成5cm长、0.2cm粗的丝；韭黄洗净，切成5cm长的段。
3. 将净锅置旺火上，滑锅后倒入色拉油，烧至四成热，下里脊丝滑散，倒出沥油；锅中留底油，下鱿鱼丝煸出香味，加入冬笋丝、尖红椒丝、盐、味精合炒，下入韭黄、肉丝，勾芡淋香油，撒入葱段，翻炒均匀，出锅，装盘成菜。

三、成品特点

色泽艳丽，肉丝滑嫩，咸鲜香辣。

四、操作关键

1. 鱿鱼质地坚硬，用水反复冲泡，便于回软。
2. 刀工精细，鱿鱼丝、里脊丝粗细均匀。
3. 里脊丝滑油，油温要控制在四成热，迅速滑散，保持嫩度，不散不碎。
4. 调味准确，韭黄断生即可。

五、评价标准

总得分

项次	项目及技术要求	分值设置	得分
1	器皿清洁干净、个人卫生达标	10	
2	鱿鱼丝、里脊丝粗细均匀	30	
3	肉丝滑嫩	30	
4	调味准确、咸鲜香辣	20	
5	卫生打扫干净、工具摆放整齐	10	

实训
12

发丝牛百叶

一、原料配备

主料： 鲜牛百叶750g。

配料： 水发玉兰片尖50g。

调料： 色拉油50g，盐3g，味精2g，米醋50g，葱20g，牛清汤50g，水淀粉15g，香油5g，干辣椒10g。

二、操作流程

1. 将牛百叶逐块平铺在砧板上，剔除厚壁后切成约8cm长的细丝，用米醋、盐拌匀，搓揉去掉腥味，用清水漂洗干净，挤干水分；玉兰片尖焯水后切成细丝，挤干水分；葱洗净，切成5cm长的段；干辣椒切细丝。
2. 兑汁：取小碗，加入牛清汤、米醋、味精、香油、葱段和水淀粉调成味汁。
3. 将净锅置旺火上，滑锅后倒入色拉油，烧至六成热，下玉兰片、干辣椒丝煸炒片刻，下入牛百叶丝、盐翻炒均匀，倒入兑好的味汁，快速翻炒均匀，出锅，装盘成菜。

三、成品特点

黄白相间，咸鲜酸辣，质地爽脆。

四、操作关键

1. 牛百叶需去掉异味，挤干水分。
2. 刀工精细，牛百叶需切成粗细均匀的细丝。
3. 调味准确，旺火速成，咸鲜酸辣，爽脆。

五、评价标准

总得分

项次	项目及技术要求	分值设置	得分
1	器皿清洁干净、个人卫生达标	10	
2	牛百叶细如发丝、粗细均匀	30	
3	牛百叶爽脆	20	
4	调味准确、咸鲜酸辣	30	
5	卫生打扫干净、工具摆放整齐	10	

实训 13 韭菜炒河虾

一、原料配备

主料： 鲜河虾300g。

配料： 韭菜200g，小米辣20g。

调料： 色拉油1000g（实耗50g），盐5g，味精2g，生抽5g，紫苏叶15g。

二、操作流程

1. 将鲜河虾、韭菜、小米辣、紫苏叶清洗干净待用。
2. 将韭菜切成3cm长的段，紫苏叶、小米辣切碎待用。
3. 将净锅置旺火上，倒入色拉油烧至六成热，放入河虾，炸至色泽红亮，捞出沥油。锅内留底油，放入小米辣炒香，放入河虾，加紫苏叶、盐、生抽、味精调味，下韭菜炒至断生，出锅，装盘成菜。

三、成品特点

色泽红绿相间，口感酥脆，咸鲜香辣。

四、操作关键

1. 河虾初步熟处理的油温为六成热，炸至色泽红亮。
2. 韭菜不可久炒，炒至断生即可。
3. 调味适时准确，咸鲜香辣。

五、评价标准

项次	项目及技术要求	分值设置	得分
		总得分	
1	器皿清洁干净、个人卫生达标	10	
2	色泽红绿相间	20	
3	河虾酥脆	30	
4	咸鲜香辣	30	
5	卫生打扫干净、工具摆放整齐	10	

新派牛蛙 实训14

一、原料配备

主料： 牛蛙2只（约500g）。

配料： 灯笼泡椒50g。

调料： 色拉油1000g（实耗50g），盐3g，味精2g，胡椒粉2g，料酒5g，蒜子15g，姜15g，葱15g，酱油5g，豆瓣酱20g，水淀粉20g，蚝油10g。

二、操作流程

1. 将牛蛙宰杀，去头、皮、内脏，洗净沥干水分，葱、姜洗净待用。
2. 将牛蛙砍成2.5cm见方的块，蒜子切指甲片，姜切菱形片，葱切成葱花，豆瓣酱剁碎。
3. 牛蛙用盐、酱油、料酒、胡椒粉、水淀粉腌制上浆。将净锅置旺火上，倒入色拉油烧至七成热，下牛蛙过油，倒出沥干油。锅内留底油，放入豆瓣酱、姜片、蒜片煸香，加入牛蛙、泡椒，加味精、蚝油，翻炒均匀，出锅，装盘成菜，撒上葱花。

三、成品特点

色泽红亮，牛蛙滑嫩，鲜香酸辣。

四、操作关键

1. 牛蛙初加工处理得当，要清洗干净。
2. 牛蛙用水淀粉上浆，抓拌均匀，牛蛙饱满。
3. 油温控制得当，牛蛙过油的油温为七成热。
4. 牛蛙炒制时不宜久炒，防止炒散。

五、评价标准

总得分

项次	项目及技术要求	分值设置	得分
1	器皿清洁干净、个人卫生达标	10	
2	牛蛙初加工处理得当	20	
3	色泽红亮、大小均匀	30	
4	牛蛙滑嫩鲜香	30	
5	卫生打扫干净、工具摆放整齐	10	

实训15

擂辣椒扣肉

一、原料配备

主料： 扣肉300g。

配料： 尖青椒100g。

调料： 色拉油50g，盐3g，味精2g，生抽3g，蒜子15g，香油3g。

二、操作流程

1. 将尖青椒去蒂，清洗干净，用刀拍扁，蒜子切末，扣肉切片。
2. 将净锅置旺火上，下尖青椒，用中小火边炒边擂，擂至辣椒起皱，盛出备用，锅洗净，复置火上，倒入色拉油，煸至扣肉出油，加入蒜末、擂辣椒，翻炒均匀，加生抽、盐、味精调味，翻炒均匀，淋香油，出锅，装盘成菜。

三、成品特点

扣肉肥而不腻，质感软烂，咸鲜香辣。

四、操作关键

1. 青椒需用刀拍扁，便于擂至入味。
2. 辣椒擂制时无须放油，擂炒至表皮皱。

五、评价标准

总得分

项次	项目及技术要求	分值设置	得分
1	器皿清洁干净、个人卫生达标	10	
2	辣椒软烂	20	
3	扣肉肥而不腻、质感软烂	30	
4	咸鲜香辣	30	
5	卫生打扫干净、工具摆放整齐	10	

任务4　小炒类湘菜烹调

任务导读

一、定义

　　小炒是指将质地鲜嫩的动物性原料，刀工处理成小型的、不易碎断的净料，用少量油在中旺火上快速烹调，成菜带有一定油汁的一种烹调方法。

二、工艺流程

选料 → 原料初加工 → 刀工成形 → 腌制 → 烹调 → 装盘成菜

三、技术关键

　　1. 选料广泛，一般以动物性原料为主，质地鲜嫩。多使用香辛调配料，如蒜子、姜片、大蒜叶、辣椒、干红椒、香菜等。

　　2. 原料加工成小型原料，如薄片、细丝、细条、小丁、粒、米等，要便于成熟入味。

　　3. 操作速度快，一气呵成，操作环节不拖泥带水，速烹速食。

　　4. 一锅炒制原料的量不宜过多，以一两份菜量为宜。

四、成品特点

　　咸鲜脆嫩，香味浓郁，大多以香辣、酸辣等复合味型为主，汁少油亮。

任务目标

　　1. 了解小炒的定义、工艺流程、成品特点和代表菜品。

　　2. 熟悉烹调方法小炒的原料选择要求、初加工方法和技术关键。

　　3. 掌握常见小炒类湘菜的制作方法。

知识拓展

　　小炒是湘菜中极具特色的一种烹调方法，无论在湖南民间还是餐饮行业，"小炒"这个词汇使用频率非常高，其实湘菜中"小炒"概念的提法，是近三十年才提出，在20世纪90年代，随着人民生活水平的逐步提高，普通工薪阶级在外就餐的机会越来越多，久而久之，湖南民间就将单位食堂、农村宴席的厨师所炒制的菜称为大锅菜，与之相对应的是酒店、饭馆中厨师所炒的菜，称为"小炒菜"，即小分量小锅炒制的菜，于是"小炒菜"这种称法便习以为常。"小炒"能广泛的流传开来，湖南名菜"小炒肉"则功不可没，"小炒肉"是湖南传统家常菜"辣椒炒肉"的另一种称法，现如今"小炒肉"成为湖南人民餐桌上的"国民菜"，而且在全国都具有相当高的知名度，因为这道菜，省内外很多人都知道了"小炒"这个专业词语。

狭义的小炒与生炒相似，即原料初加工后直接下锅生炒，中途不加水，一气呵成，成菜速度快；广义的小炒既可以将初加工原料进行初步熟处理，然后再进行煸炒，配合湖南的辣椒、蒜、姜等香辛调料，在短时间内成菜，也有将炒制过程中加入少量的汤水，旺火快速收汁，这种技法看似变化多端，但能抓住"湘菜入味"这个精髓，体现出湘菜的风味特色。

实训1 小炒肉

一、原料配备

主料：猪瘦肉200g，猪五花肉50g。

配料：尖青椒150g。

调料：色拉油100g，盐2g，味精3g，酱油10g，蒜子20g。

二、操作流程

1. 将五花肉、瘦肉洗净，尖青椒去蒂洗净待用。
2. 将五花肉、瘦肉切成0.2cm厚的片，瘦肉用盐、味精、酱油腌制入味；尖青椒切滚料片，蒜子去皮切指甲片。
3. 将净锅置旺火上，滑锅后倒入色拉油，下五花肉煸炒至灯窝状，下蒜片、尖青椒、盐、味精，翻炒至尖青椒碧绿时下瘦肉合炒，炒至瘦肉成熟，出锅，装盘成菜。

三、成品特点

辣椒碧绿，肉质软嫩，咸鲜香辣。

四、操作关键

1. 瘦肉、五花肉切片，厚薄一致。
2. 五花肉应先煸炒至灯窝状，煸出油脂，确保五花肉肥而不腻。
3. 辣椒炒至断生，不可起皱。

五、评价标准

总得分

项次	项目及技术要求	分值设置	得分
1	器皿清洁干净、个人卫生达标	10	
2	肉片厚薄一致	20	
3	辣椒碧绿	30	
4	肉质软嫩、咸鲜香辣	30	
5	卫生打扫干净、工具摆放整齐	10	

实训2

小炒黄牛肉

一、原料配备

主料： 黄牛肉250g。

配料： 尖红椒50g，蒜苗150g。

调料： 茶油150g，盐3g，味精3g，酱油5g，香油3g。

二、操作流程

1. 将黄牛肉、蒜苗洗净沥干水分，尖红椒去蒂洗净。
2. 将黄牛肉去筋膜，逆着牛肉纹路改刀切成指甲片，用酱油、盐、味精、腌制入味；尖红椒切碎，蒜苗切小粒。
3. 将净锅置旺火上，将黄牛肉片过油。另起锅倒入茶油烧至五成热，下蒜苗、尖红椒爆香，加盐、味精调味，下牛肉快速翻炒至断生，淋香油，翻炒均匀，出锅，装盘成菜。

三、成品特点

鲜香浓郁，肉嫩多汁。

四、操作关键

1. 黄牛肉去筋膜，逆着纹路切指甲片，厚薄一致。
2. 火候控制得当，保证牛肉鲜嫩多汁。

五、评价标准

总得分

项次	项目及技术要求	分值设置	得分
1	器皿清洁干净、个人卫生达标	10	
2	色泽红亮	30	
3	牛肉片厚薄一致	20	
4	鲜香浓郁、肉嫩多汁	30	
5	卫生打扫干净、工具摆放整齐	10	

实训3

小炒仔鸭

一、原料配备

主料： 仔鸭1只（约1000g）。

配料： 小米辣50g。

调料： 色拉油100g，盐4g，味精2g，酱油5g，料酒20g，蒜子30g，姜30g，蚝油5g，香油3g。

二、操作流程

1. 将仔鸭宰杀去毛、去内脏清洗干净，姜、蒜子洗净，小米辣去蒂洗净待用。

2. 将仔鸭去腿骨、脊骨，用刀背把鸭骨捶碎砍成2cm见方的丁，用酱油、盐、味精、蚝油、料酒腌制入味；小米辣切碎，蒜子、姜切丁。

3. 将净锅置旺火上，倒入色拉油，下蒜丁、姜丁炒香，下鸭肉煸香，下小米辣、盐、味精调味，烹入料酒，淋香油，翻炒均匀，出锅，装盘成菜。

三、成品特点

色泽油亮，咸鲜香辣。

四、操作关键

1. 鸭子宰杀清理干净，无鸭毛残留。

2. 需用刀背把鸭骨捶碎，鸭肉丁不宜过大。

3. 旺火快速加热，使鸭肉煸炒干香。

五、评价标准

总得分

项次	项目及技术要求	分值设置	得分
1	器皿清洁干净、个人卫生达标	10	
2	鸭肉丁大小均匀	30	
3	色泽油亮	20	
4	味型咸鲜香辣	30	
5	卫生打扫干净、工具摆放整齐	10	

实训 4 小炒黑山羊

一、原料配备

主料： 黑山羊肉200g。

配料： 尖红椒50g，香菜50g。

调料： 茶油75g，盐5g，味精3g，酱油5g，蒜子20g，香油10g。

二、操作流程

1. 将羊肉清洗干净，尖红椒去蒂和香菜清洗干净。
2. 将羊肉去筋膜切成小片，用酱油、盐、味精腌制入味；尖红椒、蒜子切碎，香菜去叶留梗切成1cm长的段。
3. 将净锅置旺火上，倒入茶油烧至五成热，下入蒜、尖红椒末爆香，加盐、味精调味，下羊肉快速翻炒至断生，加入香菜梗、香油翻炒均匀，出锅，装盘成菜。

三、成品特点

色泽红亮，鲜香浓郁，肉嫩多汁。

四、操作关键

1. 此菜宜选用嫩仔羊，取净瘦肉。
2. 黑山羊肉先切条后逆着纹路切指甲片，厚薄均匀。
3. 火候控制得当，保证羊肉鲜嫩多汁。

五、评价标准

总得分

项次	项目及技术要求	分值设置	得分
1	器皿清洁干净、个人卫生达标	10	
2	主配料刀工处理合乎规范	30	
3	口感鲜、嫩、香	20	
4	装盘饱满、略带有汁	30	
5	卫生打扫干净、工具摆放整齐	10	

实训 5　小炒猪肝

一、原料配备

主料： 猪肝250g。

配料： 尖红椒50g，五花肉50g。

调料： 色拉油100g，盐2g，味精3g，酱油5g，姜10g，香油3g，白糖3g，胡椒粉2g，葱10g。

二、操作流程

1. 将猪肝、五花肉、葱、姜洗净，尖红椒去蒂洗净待用。
2. 将猪肝、五花肉切成0.2cm厚的片，猪肝用酱油、味精、白糖、胡椒粉、盐腌制入味；尖红椒切菱形片，姜切小片，葱切段。
3. 将净锅置旺火上，倒入色拉油，下五花肉煸炒出油，再下尖红椒、姜片炒香调味，下猪肝旺火炒至成熟，加入葱段，淋上香油，翻炒均匀，出锅，装盘成菜。

三、成品特点

猪肝脆嫩，咸鲜香辣。

四、操作关键

1. 猪肝切片，厚薄均匀。
2. 猪肝先用酱油、味精、白糖、胡椒粉腌制，再放盐入味，确保猪肝的脆嫩。
3. 猪肝迅速炒至成熟，嫩而不老。

五、评价标准

总得分

项次	项目及技术要求	分值设置	得分
1	器皿清洁干净、个人卫生达标	10	
2	猪肝厚薄均匀、大小一致	30	
3	猪肝脆嫩	20	
4	色泽油亮、咸鲜香辣	30	
5	卫生打扫干净、工具摆放整齐	10	

实训 6 农家小炒鲜鲍

一、原料配备

主料： 鲜鲍鱼500g。

配料： 尖红椒50g，五花肉50g。

调料： 猪油100g，盐3g，味精2g，酱油5g，蒜子10g，姜20g，葱20g，蚝油5g，料酒5g。

二、操作流程

1. 将五花肉、葱、姜、蒜子洗净，尖红椒去蒂洗净；鲜鲍鱼处理后刷洗干净。

2. 将鲍鱼片成0.2cm厚的薄片，用酱油、盐、蚝油、料酒腌制入味；五花肉切成0.2cm厚的薄片，尖红椒切滚料块，葱切成2cm长的段。

3. 将净锅置旺火上，倒入猪油，下五花肉煸炒出油，下尖红椒、蒜子炒香后加盐、味精调味，下入鲍鱼片旺火炒至断生，加入葱段，翻炒均匀，出锅，装盘成菜。

三、成品特点

色泽油亮，鲍鱼脆嫩，咸鲜香辣。

四、操作关键

1. 要选用鲜活的鲍鱼，刷洗干净。

2. 用平刀法将鲍鱼片成厚薄均匀的片。

3. 鲍鱼一定要腌制入味，去腥味。

4. 旺火速成，确保鲍鱼脆嫩。

五、评价标准

总得分

项次	项目及技术要求	分值设置	得分
1	器皿清洁干净、个人卫生达标	10	
2	鲍鱼片厚薄均匀	30	
3	色泽油亮、鲍鱼脆嫩	20	
4	咸鲜香辣	30	
5	卫生打扫干净、工具摆放整齐	10	

实训 7 小炒鳝丁

一、原料配备

主料： 鳝鱼500g。

配料： 尖红椒50g。

调料： 茶油100g，盐3g，味精2g，酱油3g，蒜子10g，紫苏叶10g，姜10g，蚝油5g，料酒5g。

二、操作流程

1. 将鳝鱼宰杀后去内脏、去骨，尖红椒去蒂洗净，姜、蒜子、紫苏叶洗净待用。
2. 将鳝鱼斩成1.5cm见方的丁，用酱油、盐、蚝油、料酒腌制入味；尖红椒切指甲片，姜、蒜子切丁，紫苏叶切碎。
3. 将净锅置旺火上，倒入茶油，下蒜、姜煸炒出香味，下鳝鱼丁炒至鳝鱼起皱，下尖红椒、紫苏叶，加盐、味精调味，翻炒均匀，出锅，装盘成菜。

三、成品特点

质地软嫩，咸鲜香辣。

四、操作关键

1. 选用鲜活的鳝鱼，宰杀去骨。
2. 鳝鱼斩成大小一致的丁。
3. 用中小火煸炒鳝鱼至起皱，去腥增香。
4. 调味适时准确，咸鲜香辣。

五、评价标准

总得分

项次	项目及技术要求	分值设置	得分
1	器皿清洁干净、个人卫生达标	10	
2	鳝鱼丁大小一致	30	
3	色泽油亮、质地软嫩	40	
4	鳝鱼无异味、咸鲜香辣	10	
5	卫生打扫干净、工具摆放整齐	10	

实训 8

小炒田螺肉

一、原料配备

主料： 田螺肉250g。

配料： 小米辣50g，韭菜50g。

调料： 色拉油100g，盐3g，味精2g，酱油5g，蒜子10g，紫苏叶20g，姜10g，料酒5g，白酒30g。

二、操作流程

1. 将田螺肉用盐、白酒抓洗干净，小米辣去蒂洗净，韭菜、蒜子、紫苏叶、姜洗净待用。
2. 将小米辣、蒜子、姜、紫苏叶切碎，韭菜切成1cm长的段。
3. 将净锅置旺火上，倒入色拉油烧至六成热，下田螺肉煸干水分盛出；将净锅置旺火上，倒入色拉油，下入蒜、姜、小米辣煸炒出香味，下田螺肉、韭菜、紫苏叶翻炒，加盐、味精、酱油、料酒调味调色，翻炒均匀，出锅，装盘成菜。

三、成品特点

田螺柔韧，咸鲜香辣。

四、操作关键

1. 田螺肉清洗干净，无泥沙。
2. 田螺要先煸干水分，去除泥腥味。
3. 调味准确适时。

五、评价标准

总得分

项次	项目及技术要求	分值设置	得分
1	器皿清洁干净、个人卫生达标	10	
2	田螺无泥腥味	30	
3	田螺柔韧	20	
4	咸鲜香辣	30	
5	卫生打扫干净、工具摆放整齐	10	

实训 **9**

小炒河蚌

一、原料配备

主料： 净河蚌肉250g。

配料： 小米辣50g，韭菜50g。

调料： 色拉油100g，盐3g，味精2g，酱油8g，蒜子10g，紫苏叶20g，姜10g，白酒30g。

二、操作流程

1. 将河蚌用盐、白酒抓洗干净，小米辣去蒂洗净，韭菜、蒜子、紫苏叶、姜洗净待用。

2. 将河蚌肉切成0.3cm粗的条，用盐、酱油、味精、白酒腌制入味；小米辣、蒜子、姜、紫苏叶切碎，韭菜切成1cm长的段。

3. 将净锅置旺火上，倒入色拉油烧至五成热，下河蚌肉炒至断生捞出，锅洗净，倒入色拉油下入蒜、姜、小米辣煸炒出香味，加盐、味精、酱油调味，下入河蚌肉、韭菜、紫苏叶翻炒均匀，出锅，装盘成菜。

三、成品特点

河蚌肉软嫩，咸鲜香辣。

四、操作关键

1. 河蚌肉清洗干净。

2. 河蚌煸炒不宜太久，炒至断生即可。

3. 调味准确适时，咸鲜香辣。

五、评价标准

总得分

项次	项目及技术要求	分值设置	得分
1	器皿清洁干净、个人卫生达标	10	
2	河蚌肉清洗干净	30	
3	河蚌大小一致	40	
4	河蚌肉软嫩、咸鲜香辣	10	
5	卫生打扫干净、工具摆放整齐	10	

任务5　干炒类湘菜烹调

任务导读

一、定义

　　干炒又称干煸，是将经刀工处理后的原料，用少量油在中小火将原料水分煸干，再加入调味品煸炒入味成菜的一种烹调方法。

二、工艺流程

选料 → 原料初加工 → 刀工成形 → 煸出原料水分 → 调味 → 装盘成菜

三、技术关键

　　1. 煸炒的原料一般不上浆、不勾芡，中途不加水。

　　2. 干炒时油量要适当，火候以中小火为主，油太多则会使原料变得干硬，油太少，温度不够，则原料内水分不易煸干。

四、成品特点

　　色泽偏深，干香酥脆，不带汤汁。

任务目标

　　1. 了解干炒的定义、工艺流程、成品特点和代表菜品。

　　2. 熟悉烹调方法干炒的原料选择要求、初加工方法和技术关键。

　　3. 掌握常见干炒类湘菜的制作方法。

实训 1 蛋炒饭

一、原料配备

主料：白米饭250g。

配料：鸡蛋1个。

调料：色拉油50g，盐3g，葱15g。

二、操作流程

1. 将葱洗净，切成葱花；鸡蛋打入碗中，加盐打散，搅拌均匀。
2. 将净锅置旺火上，滑锅后倒入色拉油，放入蛋液，炒散，加入米饭，迅速翻炒均匀，炒出米饭水分，加盐、葱花，翻炒均匀，出锅，装盘即可。

三、成品特点

米饭颗粒饱满，干香有嚼劲，味道咸鲜。

四、操作关键

1. 不宜选用较黏的白米饭。
2. 炒鸡蛋锅一定要滑透，防止鸡蛋粘锅。
3. 炒制过程中要注意火力大小和时间，米饭炒至颗粒分明。

五、评价标准

总得分

项次	项目及技术要求	分值设置	得分
1	器皿清洁干净、个人卫生达标	10	
2	米饭颗粒分明	20	
3	调味准确	30	
4	干香有嚼劲	30	
5	卫生打扫干净、工具摆放整齐	10	

实训2 酱油炒饭

一、原料配备
主料：冷米饭300g。

调料：色拉油50g，盐3g，葱15g，酱油5g。

二、操作流程
1. 将葱洗净，切成葱花。
2. 将净锅置旺火上，滑锅后倒入色拉油，加入米饭，翻炒均匀，煸炒出水分，加酱油、盐、葱花，翻炒均匀，出锅，装盘即可。

三、成品特点
色泽酱红，酱香浓郁，干香有嚼劲。

四、操作关键
1. 不宜选用较黏的白米饭。
2. 锅一定要滑透，防止米饭粘锅。
3. 炒制的过程中要注意火力大小和时间，米饭炒至颗粒分明。

五、评价标准

总得分

项次	项目及技术要求	分值设置	得分
1	器皿清洁干净、个人卫生达标	10	
2	米饭颗粒分明	30	
3	调味准确、咸淡适中	20	
4	酱香浓郁、干香有嚼劲	30	
5	卫生打扫干净、工具摆放整齐	10	

实训 3　炒面

一、原料配备

主料： 熟碱面200g。

配料： 鸡蛋1个，绿豆芽50g。

调料： 色拉油30g，盐3g，葱15g，酱油5g，剁辣椒30g。

二、操作流程

1. 将绿豆芽掐去头尾洗净，葱洗净切成葱段；鸡蛋打入碗中，加盐打散。

2. 将净锅置旺火上，滑锅后倒入色拉油，加热至六成热，放入剁辣椒，煸出香味，放蛋液炒散，加入绿豆芽炒熟，加入熟碱面翻炒均匀，放盐、酱油、葱段，翻炒均匀，出锅，装盘成菜。

三、成品特点

干香有嚼劲，咸鲜酸辣。

四、操作关键

1. 剁辣椒酸性较重，一般需要先煸炒出酸香味。

2. 豆芽不可炒久，确保鲜嫩。

3. 炒面时一般用筷子辅助翻拌，避免面条粘连，且有利着色。

五、评价标准

总得分

项次	项目及技术要求	分值设置	得分
1	器皿清洁干净、个人卫生达标	10	
2	绿豆芽脆嫩	30	
3	调味准确、咸鲜酸辣	20	
4	面条不粘连、完整不碎	30	
5	卫生打扫干净、工具摆放整齐	10	

实训4　炒粉

一、原料配备

主料： 米粉（扁粉）350g。

配料： 绿豆芽30g，鸡蛋1个。

调料： 色拉油50g，盐3g，酱油5g，葱15g，剁辣椒30g。

二、操作流程

1. 将绿豆芽掐去头尾洗净，葱洗净切段；鸡蛋打入碗中，加盐打散；米粉用手撕开，改刀切成15cm左右长的段。
2. 将净锅置旺火上，滑锅后倒入色拉油，加热至六成热，放入剁辣椒，煸出香味，放蛋液炒散，加入绿豆芽炒熟，再加入米粉，翻炒均匀，放盐、酱油、葱段，翻炒均匀，出锅，装盘成菜。

三、成品特点

咸鲜酸辣。

四、操作关键

1. 剁辣椒酸性较重，一般需要先煸炒出酸香味。
2. 锅一定要滑透，防止米粉粘锅。
3. 豆芽不能炒久，确保鲜嫩，炒制时控制好力度，避免炒碎。

五、评价标准

总得分

项次	项目及技术要求	分值设置	得分
1	器皿清洁干净、个人卫生达标	10	
2	绿豆芽脆嫩	20	
3	调味准确、咸鲜酸辣	30	
4	米粉不粘连、不碎	30	
5	卫生打扫干净、工具摆放整齐	10	

实训 5

干煸四季豆

一、原料配备

主料： 四季豆300g。

调料： 色拉油70g，盐4g，味精2g，生抽3g，干辣椒10g，花椒5g，香油5g。

二、操作流程

1. 将四季豆去筋洗净待用。
2. 将四季豆切成5cm长的段，干辣椒切丝。
3. 将净锅置旺火上，倒入色拉油烧至五成热，放入四季豆、盐，用中小火煸炒至四季豆表皮起皱时加入干辣椒丝、花椒，翻炒均匀，加生抽、味精、香油调味，翻炒均匀，出锅，装盘成菜。

三、成品特点

干香味浓，麻辣鲜香。

四、操作关键

1. 四季豆的筋要去干净，否则影响成品的口感。
2. 煸炒四季豆要注意调控火力，及时翻炒，防止四季豆外焦里生。

五、评价标准

总得分

项次	项目及技术要求	分值设置	得分
1	器皿清洁干净、个人卫生达标	10	
2	四季豆无筋、长短一致	20	
3	四季豆外皮皱里脆嫩	30	
4	干香味浓、麻辣鲜香	30	
5	卫生打扫干净、工具摆放整齐	10	

实训6 香辣猪肺

一、原料配备

主料： 猪肺1副（约1000g）。

调料： 色拉油50g，盐5g，味精3g，大蒜30g，辣椒粉5g。

二、操作流程

1. 将猪肺用灌洗法清洗干净，大蒜洗净待用。
2. 将猪肺切大块，冷水下锅焯水，捞出再用冷水下锅煮20min，捞出沥干水分，切成0.3cm厚的片，大蒜切成3cm长的段。
3. 将净锅置旺火上，倒入色拉油烧至五成热，放入猪肺，煸至干香，下大蒜、辣椒粉翻炒均匀，加盐、味精调味，翻炒均匀，出锅，装盘成菜。

三、成品特点

猪肺干香，咸鲜香辣。

四、操作关键

1. 猪肺采用灌洗法清洗至发白发亮。
2. 猪肺需焯水去除血污等杂质。
3. 猪肺采用中小火煸至干香。
4. 调味准确，咸鲜香辣。

五、评价标准

总得分

项次	项目及技术要求	分值设置	得分
1	器皿清洁干净、个人卫生达标	10	
2	肺片大小厚薄均匀	30	
3	猪肺干香、无异味	20	
4	咸鲜香辣	30	
5	卫生打扫干净、工具摆放整齐	10	

一、原料配备

主料： 小鳝鱼300g。

配料： 韭菜50g。

调料： 色拉油50g，盐5g，味精2g，紫苏叶10g，料酒10g，蒜子15g，姜15g，生抽5g，辣椒粉5g。

二、操作流程

1. 将鳝鱼放入盆中，用盐、料酒将鳝鱼腌死，再用清水洗净，姜、蒜子去皮，韭菜、紫苏叶洗净待用。

2. 将韭菜切成5cm长的段，姜、蒜、紫苏叶切末。

3. 将净锅置旺火上，滑锅后倒入色拉油，下小鳝鱼，煸炒成太极图状捞出，去除内脏，再下油锅过油捞出待用。锅洗净，下姜、蒜末煸香，下鳝鱼、盐、味精、辣椒粉、生抽，煸炒均匀，下韭菜、紫苏叶，翻炒均匀，出锅，装盘成菜。

三、成品特点

鳝鱼干香，紫苏味浓，咸鲜香辣，形似太极图。

四、操作关键

1. 小鳝鱼清洗时要去除表面黏液。

2. 煸炒鳝鱼时的火候不宜太旺，鳝鱼干而不焦。

3. 调味适时准确，鲜咸香辣。

五、评价标准

总得分

项次	项目及技术要求	分值设置	得分
1	器皿清洁干净、个人卫生达标	10	
2	鳝鱼自然卷曲、形似太极图	20	
3	鳝鱼干香	30	
4	咸鲜香辣、紫苏味浓	30	
5	卫生打扫干净、工具摆放整齐	10	

实训 8

干煸牛肉丝

一、原料配备

主料： 牛里脊300g。

配料： 芹菜50g。

调料： 色拉油50g，盐3g，味精2g，干辣椒10g，花椒5g，生抽5g，豆瓣酱15g。

二、操作流程

1. 将牛里脊洗净，芹菜去根去叶洗净待用。
2. 将牛里脊切成5cm长、0.3cm粗的丝，芹菜切成与牛里脊丝粗细相应的丝，干辣椒切丝，豆瓣酱剁碎。
3. 将净锅置旺火上，滑锅后倒入色拉油烧至六成热，放入花椒，煸出香味，捞出，下牛里脊丝，用中小火煸炒至干香呈深褐色，下豆瓣酱、干辣椒丝，煸出香味，下芹菜丝翻炒均匀，加盐、味精、生抽调味，翻炒均匀，出锅，装盘成菜。

三、成品特点

色泽红亮，牛肉干香，麻辣咸鲜。

四、操作关键

1. 牛里脊丝粗细均匀，长短一致。
2. 牛里脊用小火煸炒至干香。
3. 芹菜炒至断生即可。

五、评价标准

总得分

项次	项目及技术要求	分值设置	得分
1	器皿清洁干净、个人卫生达标	10	
2	牛里脊丝粗细均匀	30	
3	色泽红亮	20	
4	牛里脊丝干香、芹菜脆嫩	30	
5	卫生打扫干净、工具摆放整齐	10	

任务6　滑炒类湘菜烹调

任务导读

一、定义

滑炒是指将原料加工成片、丁、丝、条、粒等小型形状，先经过上浆滑油，再投入到煸炒好的配料中，翻炒入味，勾芡成菜的一种烹调方法。

二、工艺流程

三、技术关键

1. 滑炒类菜肴应选择新鲜、质嫩、去骨、去皮、去壳、去筋络的动物性原料。

2. 原料刀工处理以细、薄、小为主，如薄片、细丝、细条、小丁、粒等形状。

3. 滑炒类菜肴必须经过上浆处理，上浆的厚薄及浆后吸浆时间的长短，要根据原料的质地和成菜特点而定。

4. 滑油的油温一般控制在三四成热，原料在滑油时动作要利落，迅速将原料拨散，防止黏连结团。

四、成品特点

质地爽脆滑嫩，汁紧油亮。

任务目标

1. 了解滑炒的定义、工艺流程、成品特点和代表菜品。
2. 熟悉烹调方法滑炒的原料选择要求、初加工方法和技术关键。
3. 掌握常见滑炒类湘菜的制作方法。

实训 1 青椒肉丝

一、原料配备

主料：猪前腿肉250g。

配料：青椒100g。

调料：色拉油1000g（实耗50g），盐5g，味精2g，酱油3g，水淀粉20g。

二、操作流程

1. 将前腿肉去筋膜，青椒去蒂、去籽，洗净待用。

2. 将前腿肉切成6cm长、0.2cm粗的丝，放入碗中，加盐、酱油、水淀粉抓拌均匀；青椒切成肉丝粗细的丝。

3. 将净锅置旺火上，滑锅后倒入色拉油，烧至三成热，放入肉丝，用筷子轻轻搅散，捞出沥油。锅内留底油，放青椒丝，加盐翻炒均匀，倒入肉丝、味精翻炒均匀，勾芡淋油，出锅，装盘成菜。

三、成品特点

肉丝滑嫩，明油亮芡，咸鲜香辣。

四、操作关键

1. 肉丝粗细均匀，长短一致。

2. 锅要滑透，防止原料粘锅，肉丝滑油的油温以三成热为宜。

3. 芡汁浓度适宜。

五、评价标准

总得分

项次	项目及技术要求	分值设置	得分
1	器皿清洁干净、个人卫生达标	10	
2	肉丝、青椒丝粗细均匀	30	
3	肉丝滑嫩	30	
4	明油亮芡、装盘美观	20	
5	卫生打扫干净、工具摆放整齐	10	

实训
2

韭黄肉丝

一、原料配备

主料：猪瘦肉200g。

配料：韭黄100g。

调料：色拉油1000g（实耗50g），盐5g，味精2g，生抽5g，水淀粉20g。

二、操作流程

1. 将猪瘦肉、韭黄洗净待用。

2. 将猪瘦肉切成6cm长、0.2cm粗的丝，肉丝放入碗中，依次加盐、生抽、水淀粉、油腌制上浆；韭黄切成6cm长的段。

3. 将净锅置旺火上，滑锅后倒入色拉油，烧至三成热，下肉丝，用筷子轻轻搅散，待肉丝变白捞出沥油。锅内留底油，放韭黄炒至八成熟，加盐翻炒均匀，放入肉丝，加味精，翻炒均匀，勾芡淋油，出锅，装盘成菜。

三、成品特点

肉丝白嫩，滑爽鲜香，明油亮芡。

四、操作关键

1. 肉丝粗细均匀，长短一致。

2. 锅要滑透，防止原料粘锅，肉丝滑油的油温控制在三成热。

3. 芡汁浓度适宜，明油亮芡。

五、评价标准

总得分

项次	项目及技术要求	分值设置	得分
1	器皿清洁干净、个人卫生达标	10	
2	肉丝粗细均匀	30	
3	肉丝滑爽、味道咸鲜	30	
4	明油亮芡	20	
5	卫生打扫干净、工具摆放整齐	10	

实训3 青豆虾仁

一、原料配备

主料： 虾仁300g。

配料： 青豆100g。

调料： 色拉油1000g（实耗50g），盐5g，味精2g，水淀粉20g，葱10g，姜10g，料酒10g，鸡蛋1个。

二、操作流程

1. 将虾仁、青豆洗净，鸡蛋取蛋清。

2. 将净锅置旺火上，加水烧沸，下青豆，焯熟倒出，沥干水分；虾仁放入碗中，加料酒、葱、姜腌制入味，加盐、水淀粉上浆。

3. 将净锅置旺火上，倒入色拉油，烧至四成热，将虾仁滑油至断生后捞出沥油。锅内留底油，下姜末煸出香味，下入虾仁和青豆，加盐、味精调味，翻炒均匀，勾芡淋油，出锅，装盘成菜。

三、成品特点

色彩鲜明，虾仁饱满滑嫩，味道咸鲜。

四、操作关键

1. 锅要滑透，防止原料粘锅，虾仁滑油的油温宜控制在四成热。

2. 青豆要焯水处理。

3. 芡汁浓度适宜。

五、评价标准

总得分

项次	项目及技术要求	分值设置	得分
1	器皿清洁干净、个人卫生达标	10	
2	虾仁洁白	20	
3	虾仁饱满、滑嫩	30	
4	味道咸鲜、明油亮芡	30	
5	卫生打扫干净、工具摆放整齐	10	

一、原料配备

主料： 鸡腿1个（约500g）。

配料： 熟花生米50g。

调料： 色拉油1000g（实耗50g），盐5g，味精2g，白糖10g，香醋7g，酱油6g，花椒5g，姜10g，蒜子10g，香油5g，干红椒节10g，水淀粉20g。

二、操作流程

1. 将鸡腿、姜、蒜洗净待用。

2. 将鸡腿去骨，用刀背将鸡腿肉捶松，斩成0.8cm见方的丁，用盐、水淀粉腌制上浆；姜、蒜切指甲片。

3. 兑汁：用盐、白糖、香醋、酱油、水淀粉、香油兑汁。

4. 将净锅置旺火上，倒入色拉油，烧至七成热，将鸡丁过油后捞出沥油。锅内留底油，放入花椒，煸出香味后捞出不用，下姜、蒜片、干红椒节煸出香味，下入鸡丁，倒入兑汁，加味精翻炒均匀，倒入熟花生米翻炒均匀，出锅，装盘成菜。

三、成品特点

煳辣酸甜，鸡丁滑嫩，花生香脆。

四、操作关键

1. 鸡腿需去骨，去骨后需用刀背将鸡肉筋膜捶断。

2. 鸡肉切成大小一致的丁。

3. 兑汁调味合理，以盐定味，略带酸甜。

4. 滑油时的油温为六七成热。

五、评价标准

总得分

项次	项目及技术要求	分值设置	得分
1	器皿清洁干净、个人卫生达标	10	
2	鸡丁无骨、大小均匀	20	
3	煳辣酸甜	30	
4	鸡丁滑嫩、花生香脆	30	
5	卫生打扫干净、工具摆放整齐	10	

实训5 鱼香肉丝

一、原料配备

主料： 猪前腿肉200g。

配料： 干木耳20g，泡辣椒30g，净冬笋50g。

调料： 色拉油1000g（实耗75g），盐3g，味精2g，葱15g，蒜子15g，生抽3g，姜20g，豆瓣酱20g，水淀粉5g，糖3g，醋5g。

二、操作流程

1. 将猪前腿肉洗净剔除筋膜，干木耳用冷水泡发，姜、蒜子去皮，洗净待用。

2. 猪前腿肉切成6cm长、0.2cm粗的丝，用盐、水淀粉腌制上浆；净冬笋、泡辣椒、木耳、姜切成与肉丝粗细相同的丝，葱切成葱花，豆瓣酱剁碎，蒜切末。

3. 兑汁：用盐、味精、水淀粉、水、生抽、糖、醋兑汁。

4. 将净锅置旺火上，倒入色拉油，烧至三成热，下肉丝滑散，待肉丝变白时捞出沥油。锅内留底油，下豆瓣酱、蒜末、姜丝、泡辣椒煸香，下冬笋、木耳炒至断生，下肉丝、生抽、葱花合炒，倒入兑汁，翻炒均匀，出锅，装盘成菜。

三、成品特点

色泽红亮，鱼香味浓，肉丝滑嫩。

四、操作关键

1. 肉丝粗细均匀，长短一致。

2. 锅要滑透，防止原料粘锅，肉丝滑油的油温为三成热。

3. 兑汁时要把握好各种调味品的量，酸甜咸适宜。

五、评价标准

总得分

项次	项目及技术要求	分值设置	得分
1	器皿清洁干净、个人卫生达标	10	
2	主配料切丝均匀、长短一致	30	
3	兑汁酸甜咸适宜	30	
4	色泽红亮、多味融合	20	
5	卫生打扫干净、工具摆放整齐	10	

一、原料配备

主料：猪里脊300g。

配料：尖红椒15g，绿豆芽50g。

调料：色拉油1000g（实耗75g），盐5g，味精2g，鸡蛋1个，水淀粉20g。

二、操作流程

1. 将猪里脊去筋膜，尖红椒去蒂、去籽，绿豆芽去两端，清洗干净待用。
2. 将猪里脊切成5cm长、0.2cm粗的丝，放入碗中，加蛋清、水淀粉、盐抓拌均匀，淋上冷油。尖红椒切成与肉丝粗细、长短相应的丝。
3. 将净锅置旺火上，滑锅后倒入色拉油，烧至三成热，下肉丝，用筷子搅散，待肉丝变白后捞出沥油。锅内留底油，下尖红椒丝、豆芽、盐，煸炒均匀，加入肉丝、味精，翻炒均匀，勾芡淋油，出锅，装盘成菜。

三、成品特点

色泽洁白，肉丝粗细均匀，滑嫩饱满，味道咸鲜。

四、操作关键

1. 猪里脊切丝，粗细均匀，长短一致。
2. 锅要滑透，防止原料粘锅，肉丝过油的油温为三成热。
3. 芡汁浓度适宜，明油亮欠。

五、评价标准

总得分

项次	项目及技术要求	分值设置	得分
1	器皿清洁干净、个人卫生达标	10	
2	肉丝、尖红椒丝粗细均匀、长短一致	30	
3	肉丝饱满、滑嫩	20	
4	口味咸鲜	30	
5	卫生打扫干净、工具摆放整齐	10	

实训 7　子龙脱袍

一、原料配备

主料： 鳝鱼400g。

配料： 鲜冬笋50g，尖红椒20g，香菜50g。

调料： 色拉油1000g（实耗75g），盐5g，味精3g，料酒25g，胡椒粉3g，水淀粉25g，香油5g，鸡蛋1个，紫苏叶20g，葱20g，姜35g，白醋20g。

二、操作流程

1. 将鳝鱼去皮、去骨洗净，香菜取梗洗净，葱、紫苏叶洗净，姜去皮洗净，尖红椒洗净。

2. 将鳝鱼切成5cm长、0.3cm粗的丝，尖红椒、冬笋、紫苏叶切丝，香菜切成5cm长的段，葱、姜拍碎加入料酒制成葱姜料酒汁待用。

3. 将鳝鱼放入碗中，加入葱、姜、紫苏叶、葱姜料酒汁腌制15min入味，拣出葱、姜，挤干水分，再用鸡蛋清、水淀粉、盐上浆腌制。

4. 将净锅置旺火上，倒入色拉油烧至三成热，下鳝鱼丝滑散至断生，捞出沥油；锅内留底油，烧至六成热，下冬笋丝、尖红椒丝、香菜段，加盐调味翻炒均匀，再下鳝丝、味精、胡椒粉合炒均匀，沿锅边烹入白醋，勾芡淋香油，出锅，装盘成菜。

三、成品特点

色泽明亮，口味咸鲜，鳝鱼丝滑嫩。

四、操作关键

1. 鳝鱼去皮保持鳝鱼完整不破。

2. 鳝鱼切丝粗细均匀，大小一致。

3. 鳝鱼上浆、勾芡的浓度和用量要适宜。

五、评价标准

项次	项目及技术要求	分值设置	得分
1	器皿清洁干净、个人卫生达标	10	
2	鳝鱼丝粗细均匀、大小一致	20	
3	色泽明亮、鳝鱼丝滑嫩	30	
4	口味咸鲜	30	
5	卫生打扫干净、工具摆放整齐	10	

总得分

实训 8 五彩鱼丝

一、原料配备

主料： 柴鱼750g。

配料： 青椒30g，红椒30g，香菇30g。

调料： 色拉油1000g（实耗50g），盐5g，味精2g，姜30g，鸡蛋1个，水淀粉20g。

二、操作流程

1. 将柴鱼宰杀，去鳞、鳃、内脏，取净鱼肉，姜去皮，青椒、红椒去蒂，清洗干净待用。

2. 将柴鱼肉切成6cm长、0.3cm粗的丝，鱼丝依次用蛋清、水淀粉、盐抓拌均匀，腌制上浆，放冷油。青椒、红椒、姜、香菇切成鱼丝粗细的丝。

3. 将净锅置旺火上，滑锅后倒入色拉油，烧至三成热，下鱼丝，用筷子轻轻搅散，待鱼丝变白捞出沥油。锅内留底油，依次将姜、香菇、红椒、青椒下入锅中，煸出香味，加盐、味精，翻炒均匀，下入鱼丝，翻炒后勾芡淋油，出锅，装盘成菜。

三、成品特点

色泽美观，鱼丝洁白滑嫩，口味咸鲜。

四、操作关键

1. 鱼需去皮、骨，切丝粗细均匀，大小一致。

2. 鱼丝上浆、勾芡的浓度和用量要适宜。

3. 鱼丝滑油的油温控制在三成热。

五、评价标准

总得分

项次	项目及技术要求	分值设置	得分
1	器皿清洁干净、个人卫生达标	10	
2	鱼丝、配料丝粗细均匀	30	
3	鱼丝洁白、滑嫩	30	
4	明油亮芡、口味咸鲜	20	
5	卫生打扫干净、工具摆放整齐	10	

任务7　爆炒类湘菜烹调

任务导读

一、定义

爆炒是指将加工好的小型脆嫩原料，腌制上浆后（有的原料不需要上浆），在七八成热的油温中爆至七成熟，加入配料炒香后放入主料，倒入兑好的芡汁，迅速翻炒均匀的一种烹调方法。

二、工艺流程

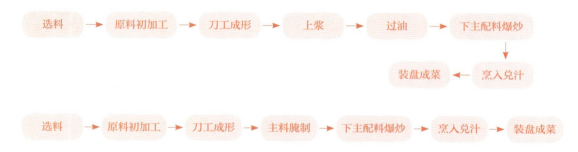

三、技术关键

1. 应选用新鲜脆嫩性的动物性原料，并去皮、去骨、去筋膜，常用的原料有猪肚尖、鸡肫、鸭肫、墨鱼、鱿鱼、牛蛙、猪腰、猪肝等。

2. 要求原料的形状大小相同，剞花刀的花纹要深浅一致、刀距均匀。

3. 要求在七八成热的油温中爆炒，油温过高，原料则外焦里生、焦煳变色，油温过低则不能突出爆菜的特色。

4. 兑汁是爆炒菜的一个特色且要求汁紧油亮，盘内只有少量油汁。

四、成品特点

脆嫩爽口，汁紧油亮，口味多以香辣和酸辣为主。

任务目标

1. 了解爆炒的定义、工艺流程、成品特点和代表菜品。

2. 熟悉烹调方法爆炒的原料选择要求、初加工方法和技术关键。

3. 掌握常见爆炒类湘菜的制作方法。

实训 1　爆炒肚丝

一、原料配备

主料： 新鲜猪肚500g。

配料： 尖红椒100g，香菜100g。

调料： 茶油75g，盐5g，味精2g，酱油3g，料酒5g，白酒100g，蒜子50g。

二、操作流程

1. 将猪肚去除油脂，用盐、白酒搓洗干净，再用清水清洗干净，香菜清洗干净去叶取梗，尖红椒清洗干净去蒂去籽。

2. 将处理好的猪肚垂直于纹路改刀成0.3cm粗的丝，香菜梗切成3cm长的段，尖红椒、蒜子切碎。

3. 将猪肚用盐、味精、酱油、料酒腌制15min，将净锅置旺火上，倒入茶油加热至六成热，下蒜子、尖红椒煸炒出香味，调入盐翻炒均匀，加入肚丝，调入味精、酱油调味调色，旺火快速翻炒至断生，出锅，装盘成菜。

三、成品特点

色泽油亮，质地脆嫩，咸鲜香辣。

四、操作关键

1. 猪肚采用白酒搓洗去除黏液，采用刮洗法去除多余油脂。

2. 猪肚丝改刀后要求粗细均匀。

3. 旺火速成，保持肚丝脆嫩。

4. 调味准确，咸淡适中。

五、评价标准

总得分

项次	项目及技术要求	分值设置	得分
1	器皿清洁干净、个人卫生达标	10	
2	猪肚加工无异味	20	
3	猪肚丝粗细均匀	30	
4	味道咸鲜香辣、质地脆嫩	30	
5	卫生打扫干净、工具摆放整齐	10	

实训 2
酸辣凤尾腰花

一、原料配备

主料：鲜猪腰2个（约400g）。

配料：泡辣椒50g，玉兰片50g，蒜苗50g。

调料：色拉油1000g（实耗100g），盐3g，味精3g，酱油10g，姜20g，白醋20g，香油10g，水淀粉20g。

二、操作流程

1. 将猪腰、泡辣椒、玉兰片、蒜苗清洗干净待用。

2. 将猪腰去筋膜，片成两片，剔去腰臊，先用斜刀剞一字花刀，再用直刀切，然后每三刀一断，切约1cm宽的凤尾花刀，用盐、酱油、水淀粉上薄浆待用；姜、泡辣椒切末，蒜苗、玉兰片切米粒状。

3. 将净锅置旺火上，倒入色拉油烧至六成热，下入腰花，迅速滑散至断生捞出沥油。净锅入油，烧至六成热，下姜末、泡辣椒炒香，下蒜苗、玉兰片，加盐、味精调味，下腰花，沿锅边烹入白醋合炒，勾芡淋香油，出锅，装盘成菜。

三、成品特点

形似凤尾，脆嫩爽口，酸辣咸鲜。

四、操作关键

1. 猪腰处理干净，剔净腰臊。

2. 刀工精细，形似凤尾，大小均匀。

3. 火候控制得当，旺火速成，腰花滑嫩爽口。

4. 勾芡适量，明油亮芡。

五、评价标准

总得分

项次	项目及技术要求	分值设置	得分
1	器皿清洁干净、个人卫生达标	10	
2	腰花形似凤尾、不连刀、不断刀	30	
3	火候控制得当、味型调配准确、酱香味浓郁	20	
4	脆嫩爽口、酸辣咸鲜	30	
5	卫生打扫干净、工具摆放整齐	10	

实训 3

酸辣笔筒鱿鱼

一、原料配备

主料：水发鱿鱼350g。

配料：五花肉50g，泡红椒50g，蒜苗50g，冬笋25g，水发香菇20g。

调料：色拉油1000g（实耗80g），盐3g，味精2g，料酒10g，蚝油3g，白醋5g，淀粉20g，香油4g。

二、操作流程

1. 将五花肉、蒜苗清洗干净，鱿鱼、泡红椒、水发香菇清洗干净待用。

2. 将鱿鱼去骨、外皮、膜，在其内部剞深度为4/5的十字花刀，改成三角形块，泡红椒、蒜苗、冬笋、香菇切米粒状，五花肉剁成末。

3. 将净锅置旺火上，加水、白醋烧开，下鱿鱼焯水，待鱿鱼卷成笔筒形时捞出沥干水分；鱿鱼用盐、料酒、淀粉上浆；将净锅置旺火上，倒入色拉油烧至七成热，下鱿鱼过油，快速捞出沥油。

4. 锅内留底油，下猪肉末、泡红椒、冬笋、蒜苗、香菇煸炒，用盐、味精、蚝油、醋调味，下鱿鱼翻炒均匀，勾芡淋香油，出锅，装盘成菜。

三、成品特点

色泽红亮，形似笔筒，鱿鱼脆嫩，酸辣咸鲜。

四、操作关键

1. 刀工处理要切鱿鱼内部，深度控制在鱿鱼的4/5且要求间距相等，剞十字花刀。

2. 焯水时加醋去除碱味，待自然卷曲形似笔筒时即可捞出。

3. 鱿鱼过油的温度控制在七成热，迅速过油保持脆嫩。

4. 勾芡的浓度要适中，做到明油亮芡。

五、评价标准

总得分

项次	项目及技术要求	分值设置	得分
1	器皿清洁干净、个人卫生达标	10	
2	色泽红亮、形似笔筒	30	
3	刀工精细、间距相等	20	
4	酸辣咸鲜、明油亮芡	30	
5	卫生打扫干净、工具摆放整齐	10	

实训 4 麻辣仔鸡

一、原料配备

主料： 仔鸡1只（约1000g）。

配料： 尖红椒100g，蒜苗50g。

调料： 色拉油1000g（实耗75g），盐5g，味精2g，酱油10g，料酒15g，花椒5g，香醋10g，水淀粉10g，香油5g。

二、操作流程

1. 将鸡宰杀，去毛，去内脏，清洗干净；将尖红椒去蒂与蒜苗清洗干净待用。
2. 剔除仔鸡全骨，斩成2cm见方的丁，加盐、酱油、水淀粉、料酒抓匀上浆。尖红椒去籽，切成约1cm见方的片，花椒拍碎，蒜苗切米粒状。
3. 将净锅置旺火上，倒入色拉油烧至六成热，下入鸡丁炸至定型，迅速用漏勺捞起，待油温回升到七成热时，再将鸡丁下锅复炸，炸至金黄色捞出沥油。
4. 兑汁：将水淀粉、酱油、香油、味精、香醋兑成汁。
5. 锅内留底油，下花椒炝锅，下尖红椒、蒜苗炒香，用盐、味精调味，放入炸过的鸡丁合炒，烹入兑汁翻炒均为，出锅，装盘成菜。

三、成品特点

明油亮芡，鸡肉外酥里嫩，鲜香麻辣。

四、操作关键

1. 需选用仔鸡，宰杀后要清洗干净。
2. 鸡肉切丁，大小一致。
3. 鸡肉过油的油温控制在七成热，而且需复炸。

五、评价标准

总得分

项次	项目及技术要求	分值设置	得分
1	器皿清洁干净、个人卫生达标	10	
2	鸡肉丁大小一致	30	
3	鸡肉外酥里嫩	20	
4	味道鲜香麻辣	30	
5	卫生打扫干净、工具摆放整齐	10	

实训5

酸辣鸡杂

一、原料配备

主料： 鸡胗150g，鸡肠50g，鸡心50g。

配料： 酸辣椒50g，蒜苗50g。

调料： 色拉油1000g（实耗75g），盐5g，味精2g，酱油5g，姜10g，水淀粉15g。

二、操作流程

1. 将酸辣椒泡水，蒜苗去头用清水清洗干净，将鸡心、鸡胗、鸡肠清洗干净。
2. 将鸡胗切成0.2cm厚的片，鸡肠切成2cm长的段，鸡心从中间切开，蒜苗切成1cm大小的丁，酸辣椒切碎，姜切末。鸡胗、鸡心、鸡肠放入碗中，用盐、酱油、水淀粉腌制上浆。
3. 将净锅置旺火上，倒入色拉油烧至七成热，投入鸡胗、鸡心、鸡肠，过油至断生，捞出沥油；锅内留底油，烧至六成热，下酸辣椒、姜爆香，下蒜苗，加盐、味精调味，翻炒均匀，下鸡杂合炒，勾芡淋油，出锅，装盘成菜。

三、成品特点

鸡杂脆嫩，酸辣咸鲜，明油亮芡。

四、操作关键

1. 鸡心清洗干净，鸡胗去除筋膜，鸡肠采用盐醋搓洗法洗净。
2. 鸡胗厚薄均匀，鸡肠长短一致。
3. 过油的油温控制在七成热，下锅推散后迅速捞出，断生即可。
4. 芡汁浓度适宜，明油亮芡。

五、评价标准

总得分

项次	项目及技术要求	分值设置	得分
1	器皿清洁干净、个人卫生达标	10	
2	鸡胗厚薄均匀、鸡肠长短一致	30	
3	鸡杂脆嫩	20	
4	酸辣咸鲜、明油亮芡	30	
5	卫生打扫干净、工具摆放整齐	10	

实训 6　酸辣肉丁

一、原料配备

主料： 猪里脊300g。

配料： 酸辣椒50g，蒜苗50g。

调料： 色拉油1000g（实耗75g），盐3g，味精2g，酱油5g，水淀粉30g。

二、操作流程

1. 将蒜苗、酸辣椒洗净，里脊肉去筋膜洗净。

2. 将猪里脊切成1cm厚的片，用刀背捶松，改刀成1cm见方的丁，酸辣椒切碎，蒜苗切米粒。

3. 兑汁：在碗中加入水淀粉、酱油、味精，搅拌均匀。肉放入碗中加酱油、盐、水淀粉腌制上浆，淋入适量的油。

4. 将净锅置旺火上，倒入色拉油烧至六成热，下肉丁炸至定型捞出，待油温升至七成热，再下入肉丁复炸至色泽金黄，捞出沥油；锅内留底油，下酸辣椒、蒜苗炒香，倒入肉丁，烹入兑汁，快速翻炒均匀，出锅，装盘成菜。

三、成品特点

肉丁外酥里嫩，咸鲜酸辣。

四、操作关键

1. 猪里脊需要用刀背捶松，使肉质松散。

2. 猪里脊要切成大小一致的丁。

3. 肉丁过油要控制好油温，用六成热油温炸至定型，七成热油温复炸至金黄酥脆。

五、评价标准

总得分

项次	项目及技术要求	分值设置	得分
1	器皿清洁干净、个人卫生达标	10	
2	肉丁大小均匀	30	
3	肉丁外酥里嫩	20	
4	咸鲜酸辣、明油亮芡	30	
5	卫生打扫干净、工具摆放整齐	10	

实训 7 酱爆肉片

一、原料配备

主料：猪上脑肉400g。

配料：净冬笋100g，尖红椒50g，大蒜50g。

调料：色拉油1000g（实耗100g），味精2g，酱油5g，盐5g，京酱25g，香油15g，汤100g，料酒25g，水淀粉30g。

二、操作流程

1. 将尖红椒去蒂与猪上脑肉、净冬笋、大蒜分别清洗干净待用。

2. 将猎上脑肉切成0.7cm厚的片，用料酒、盐、酱油、水淀粉上浆，冬笋、红椒切片，大蒜切成斜段，用汤、味精、水淀粉兑成汁。

3. 将净锅置旺火上，倒入色拉油烧至六成热，下肉片，炸至定型捞出，待油温升至七成热，再下肉片复炸至色泽金黄，捞出沥油；锅内留底油，下冬笋、尖红椒、盐煸炒，加入京酱炒香，再下入炸熟的肉片、大蒜，随即倒入兑汁翻炒均匀，淋香油，出锅，装盘成菜。

三、成品特点

酱香味浓，外焦里嫩。

四、操作关键

1. 肉片改刀大小一致，厚薄均匀。

2. 肉片过油要控制好油温，六成热油温炸至定型，七成热油温复炸至金黄酥脆。

3. 京酱要炒出香味，再下肉片。

五、评价标准

总得分

项次	项目及技术要求	分值设置	得分
1	器皿清洁干净、个人卫生达标	10	
2	肉片均匀一致	30	
3	肉片嫩滑、酱香味浓	40	
4	装盘美观	10	
5	卫生打扫干净、工具摆放整齐	10	

实训 8　香菜牛肉丝

一、原料配备

主料： 牛肉200g。

配料： 香菜50g，尖红椒50g。

调料： 色拉油100g，盐3g，味精2g，酱油5g，蚝油5g，香油15g。

二、操作流程

1. 将香菜择洗干净，尖红椒去蒂与牛肉分别清洗干净待用。
2. 将牛肉剔去筋膜，片成约0.3cm厚、8cm长的片，再横纹切成0.3cm粗的丝，加盐、蚝油、酱油腌制入味。将尖红椒切丝，香菜切段。
3. 将净锅置旺火上，滑锅后倒入色拉油，烧至七成热，下牛肉丝爆炒，下尖红椒煸炒出香味，用盐、味精调味，放香菜翻炒均匀，淋入香油，出锅，装盘成菜。

三、成品特点

牛肉软嫩，咸鲜香辣。

四、操作关键

1. 牛肉切丝，粗细均匀，腌制入味。
2. 烹制时油温为七成热，旺火速成。
3. 调味准确适时，咸鲜香辣。

五、评价标准

总得分

项次	项目及技术要求	分值设置	得分
1	器皿清洁干净、个人卫生达标	10	
2	牛肉丝粗细均匀	30	
3	牛肉软嫩	40	
4	咸鲜香辣	10	
5	卫生打扫干净、工具摆放整齐	10	

实训 9 爆炒毛肚

一、原料配备

主料：毛肚300g。

配料：韭菜50g，尖红椒50g。

调料：色拉油100g，盐25g，味精2g，醋10g，姜10g，蚝油10g，山胡椒油20g。

二、操作流程

1. 将毛肚用盐和醋反复搓洗去除异味清洗干净，姜去皮，尖红椒去蒂，韭菜去老叶分别洗净。
2. 将毛肚切成4cm长、0.2cm宽的丝，尖红椒切丝，姜切丝，韭菜切成4cm长的段。
3. 将净锅置旺火上，倒入色拉油烧至七成热，下姜、尖红椒爆香，下入毛肚，加盐、味精、蚝油爆炒，下韭菜翻炒均匀，淋山胡椒油，出锅，装盘成菜。

三、成品特点

毛肚脆嫩，咸鲜香辣，山胡椒油香味浓郁。

四、操作关键

1. 毛肚加工前需用盐、醋搓洗干净。
2. 毛肚切丝要粗细均匀。
3. 毛肚要用七成热油温爆炒，旺火速成。

五、评价标准

总得分

项次	项目及技术要求	分值设置	得分
1	器皿清洁干净、个人卫生打标	10	
2	毛肚粗细均匀	30	
3	毛肚脆嫩	20	
4	咸鲜香辣、山胡椒油香味浓郁	30	
5	卫生打扫干净、工具摆放整齐	10	

实训 10　香辣罗氏虾

一、原料配备

主料： 罗氏虾450g。

配料： 尖红椒100g。

调料： 色拉油1000g（实耗100g），盐3g，味精2g，生抽5g，蒜子50g，姜30g，葱20g，辣椒粉10g。

二、操作流程

1. 将罗氏虾清洗干净，蒜子、姜去皮，尖红椒去蒂分别清洗干净。
2. 将尖红椒、蒜子、姜切碎，葱切成葱花。
3. 将净锅置旺火上，倒入色拉油，烧至七成热下入罗氏虾过油炸熟。
4. 净锅留底油下蒜末、姜末、尖红椒爆香，下罗氏虾、辣椒粉翻炒均匀，加盐、味精、生抽调味，翻炒均匀，撒葱花，翻炒均匀，出锅，装盘成菜。

三、成品特点

色泽红亮，质地脆嫩，咸鲜香辣。

四、操作关键

1. 罗氏虾需剪去虾须。
2. 罗氏虾过油时油温控制在七成热，炸至成熟。
3. 调味准确适时，咸鲜香辣。

五、评价标准

总得分

项次	项目及技术要求	分值设置	得分
1	器皿清洁干净、个人卫生达标	10	
2	色泽红亮	20	
3	质地脆嫩	40	
4	咸鲜香辣	20	
5	卫生打扫干净、工具摆放整齐	10	

任务8 软炒类湘菜烹调

任务导读 ～～～～～～～～～～～～～～～～～～～～～～～～～～～～～～～～～

一、定义

软炒是将主料加工成泥蓉状后，用汤或水调制成半流体状态，放入少量油的锅中，用中小火加热使之凝固成熟的一种烹调方法。

二、工艺流程

选料 → 原料初加工 → 刀工成形 → 调制成半流体 → 烹调 → 装盘成菜

三、技术关键

1. 原料需加工成泥蓉状，为了保证细嫩的质感和洁白的色泽，鸡肉、猪肉原料需要先将原料浸泡去除血水。

2. 用汤或水稀释主料时，要掌握好原料、水、淀粉、蛋清之间的比例。

3. 用热锅冷油滑锅，锅要滑透，正确掌握火候，在炒制时采用中小火，手法要轻、灵活。

四、成品特点

质地细嫩软滑，味道鲜美、无汁。

任务目标 ～～～～～～～～～～～～～～～～～～～～～～～～～～～～～～～～～

1. 了解软炒的定义、工艺流程、成品特点和代表菜品。
2. 熟悉烹调方法软炒的原料选择要求、初加工方法和技术关键。
3. 掌握常见软炒类湘菜的制作方法。

实训 1

桃胶炒鸡蛋

一、原料配备

主料： 桃胶50g，鸡蛋4个。

调料： 色拉油50g，盐5g，葱15g。

二、操作流程

1. 将葱、桃胶洗净待用。
2. 将桃胶用水发好，清洗干净，沥干水分；鸡蛋打入碗中加盐打散；葱切成葱花。
3. 将净锅置旺火上，滑锅后倒入色拉油，烧至四成热，下桃胶、盐，翻炒入味，倒出待用。净锅倒入色拉油，烧至六成热，下蛋液炒至成形，加入桃胶合炒，撒上葱花，翻炒均匀，出锅，装盘成菜。

三、成品特点

桃胶绵软，鸡蛋软嫩，味道咸鲜。

四、操作关键

1. 桃胶需用冷水发透。
2. 滑锅要滑透，不然桃胶和鸡蛋易粘锅。
3. 桃胶需先炒至入味再与鸡蛋合炒。

五、评价标准

总得分

项次	项目及技术要求	分值设置	得分
1	器皿清洁干净、个人卫生达标	10	
2	桃胶发透、无硬心	20	
3	鸡蛋软嫩、桃胶绵软	30	
4	味道咸鲜	30	
5	卫生打扫干净、工具摆放整齐	10	

桂花蹄筋 实训2

一、原料配备

主料：水发蹄筋200g。

配料：鸡蛋2个，绿豆芽100g，尖红椒50g。

调料：色拉油50g，盐3g，葱15g，味精2g。

二、操作流程

1. 将蹄筋、绿豆芽、尖红椒、葱洗净待用。
2. 将蹄筋切成1cm粗的条，放入蛋液中静置5min；尖红椒切成6cm长、0.2厘米粗的丝，绿豆芽掐去两头，葱切成葱丝，蛋清和蛋黄分别装入碗中。
3. 将净锅置旺火上，将蹄筋焯水后吸干水分。滑锅后倒入色拉油，烧至五成热，倒入蛋黄炒散盛入碗中。锅洗净，放入色拉油，将豆芽和尖红椒炒至断生，放入蹄筋和蛋黄，加盐、味精调味，用中小火推动手勺，使鸡蛋松散地粘在蹄筋上，装盘成菜，撒上葱丝点缀即成。

三、成品特点

色泽金黄，软糯鲜香，形似桂花。

四、操作关键

1. 要选用发透、无硬心的蹄筋。
2. 需洗净水发蹄筋多余的油脂。
3. 蹄筋改刀需均匀一致。
4. 锅要滑透，防止粘锅。
5. 烹制时需用中小火，使鸡蛋均匀地裹在蹄筋上。

五、评价标准

总得分

项次	项目及技术要求	分值设置	得分
1	器皿清洁干净、个人卫生达标	10	
2	蹄筋长短一致	20	
3	蹄筋软糯、味型鲜香	30	
4	蛋花均匀包裹蹄筋、色泽金黄、形似桂花	30	
5	卫生打扫干净、工具摆放整齐	10	

实训3 鸡蓉海参

一、原料配备

主料： 水发海参200g。

配料： 鸡脯肉100g，猪肥肉50g，鸡蛋2个，熟火腿10g。

调料： 色拉油100g，盐3g，料酒10g，鸡汤100g，胡椒粉1g，水淀粉50g，姜15g，葱15g。

二、操作流程

1. 将海参、鸡脯肉、猪肥肉、葱、熟火腿、姜洗净待用。

2. 将鸡脯肉、猪肥肉剁成细蓉，放入碗中，加蛋清、鸡汤、盐、水淀粉、料酒，搅拌成鸡蓉待用；海参切薄片，火腿切米，葱一半打结一半切成葱花，姜切片。

3. 将净锅置旺火上，加水烧沸，放海参加葱、姜、料酒焯水，倒出，拣出葱、姜，沥干水分。滑锅后倒入色拉油，下入鸡蓉，用手勺轻轻推动，炒至鸡蓉凝固，下海参、胡椒粉，翻炒均匀，出锅，装盘，撒上火腿末和葱花即可。

三、成品特点

味道咸鲜，柔软鲜嫩。

四、操作关键

1. 鸡脯肉、猪肥肉需剁成细蓉。

2. 调制鸡蓉时浓度适宜，便于加热成形。

3. 锅要滑透，用小火慢炒，防止粘锅。

五、评价标准

总得分

项次	项目及技术要求	分值设置	得分
1	器皿清洁干净、个人卫生达标	10	
2	鸡蓉浓度适宜	30	
3	海参无腥味	20	
4	柔软鲜嫩、味道咸鲜	30	
5	卫生打扫干净、工具摆放整齐	10	

思考题 ∼∼∼∼∼∼∼∼∼∼∼∼∼∼∼∼∼∼∼∼∼∼∼∼∼∼∼∼∼∼∼∼

1. 生炒和熟炒有什么区别?
2. 滑炒和滑熘有什么区别?
3. 小炒的技术关键和成菜特点分别是什么?
4. 炸与煎、烹与熘各有什么异同?
5. 简述子龙脱袍的来历并写出操作流程。

项目二
炸类湘菜烹调

项目导读

　　炸是将经过加工整理的烹饪原料经基本调味后，放入中高油温中加热，使成品达到香、酥、脆嫩等质感的一种烹调方法。炸需要大量的热油，从文献记载来看，植物油的榨制最早出现在北魏的《齐民要术》中，但植物油由于烟点低，只可勉强用于低油温炸，清朝同治光绪年间炸法开始普遍使用。在湘菜中炸又分为清炸、酥炸、软炸、干炸、脆炸。

实训任务

任务	任务编号	任务内容
任务1　清炸类湘菜烹调	实训1	油淋仔鸡
	实训2	清炸菊花鸭肫
	实训3	蒜香小排
任务2　酥炸类湘菜烹调	实训1	麻仁香酥鸡
	实训2	麻仁香酥鱼
任务3　软炸类湘菜烹调	实训1	软炸鱼条
	实训2	软炸里脊
任务4　干炸类湘菜烹调	实训1	椒盐干炸鸡
	实训2	金枝玉叶
任务5　脆炸类湘菜烹调	实训1	脆炸鲜奶
	实训2	椒盐藕夹
	实训3	荔枝虾球
	实训4	脆炸洋葱圈

实训方法

任务1　清炸类湘菜烹调

任务导读〰〰〰〰〰〰〰〰〰〰〰〰〰〰〰〰〰〰〰〰〰

一、定义

清炸是原料经刀工处理后，不挂糊不上浆，只用调味品腌制入味，直接放入热油锅中用旺火炸制成菜的一种烹调方法。

二、工艺流程

选料 → 原料初加工 → 刀工成形 → 腌制 → 炸制

辅助调味 ← 装盘成菜

三、技术关键

1. 清炸应选用新鲜、质嫩的原料。
2. 原料加工成形后，不拍粉、不上浆、不挂糊，一般腌制入味即可炸制。
3. 炸制时用油量要宽，具体的油量取决于原料的多少。
4. 油温的高低和火力的大小取决于原料的质地和形状的大小。
5. 清炸菜肴炸制之后一般需要辅助调味。

四、成品特点

外酥里嫩，口味干香。

任务目标〰〰〰〰〰〰〰〰〰〰〰〰〰〰〰〰〰〰〰〰〰〰〰〰〰

1. 了解清炸的定义、工艺流程、成品特点和代表菜品。
2. 熟悉烹调方法清炸的原料选择要求、初加工方法和技术关键。
3. 掌握常见清炸类湘菜的制作方法。

实训1
油淋仔鸡

一、原料配备

主料： 仔鸡1只（约1000g）。

调料： 色拉油1000g（实耗100g），盐5g，葱15g，料酒20g，姜15g，花椒3g，酱油5g，饴糖50g，香菜5g。

二、操作流程

1. 将仔鸡宰杀，去毛、内脏，洗净沥干水分，香菜清洗干净去梗留叶待用。

2. 用刀拍松鸡背骨，在胸骨处剁上几刀，用刀背敲断腿小骨、翅膀骨，鸡腿内侧各直剖一刀，鸡腹内纵横剖几刀，使鸡体各部位的肉厚薄均匀，将鸡放入盘中加盐、葱、姜、花椒、料酒、酱油腌制入味。

3. 将净锅置旺火上，加水烧开，下入腌好的仔鸡焯水，捞出沥干水分，趁热涂抹饴糖水。将净锅置旺火上，倒入色拉油，烧至五成热，下入仔鸡，不断淋热油炸至金黄色时捞出，沥油，斩成小块，按鸡形装盘成菜，点缀香菜叶即可。

三、成品特点

色泽金黄，鸡皮香脆，鸡肉鲜嫩。

四、操作关键

1. 仔鸡初加工需清洗干净。

2. 仔鸡需腌制入味。

3. 炸制前需将鸡眼球扎破，防止炸制时高温炸裂。

4. 鸡块装盘成形必须保持完整性。

五、评价标准

总得分

项次	项目及技术要求	分值设置	得分
1	器皿清洁干净、个人卫生达标	10	
2	成形美观、鸡块大小均匀	20	
3	鸡肉外酥里嫩、色泽金黄	30	
4	鸡皮香脆、鸡肉鲜嫩	30	
5	卫生打扫干净、工具摆放整齐	10	

实训 2 清炸菊花鸭肫

一、原料配备

主料：鸭肫400g。

调料：色拉油1000g（实耗100g），盐5g，料酒10g，葱15g，姜15g。

二、操作流程

1. 将姜、葱洗净，鸭肫去皮、去筋膜，反复洗净后一分为二，剞十字花刀，深度为鸭肫的4/5。
2. 用盐、料酒、姜、葱腌制鸭肫10min。
3. 将净锅置旺火上，倒入色拉油，烧至五成热，将腌制好的鸭肫下锅炸至散开后捞出，待油温升至七成热时，再进行复炸，捞出沥油，出锅，装盘成菜。

三、成品特点

造型美观，呈菊花状，味道咸鲜，有嚼劲。

四、操作关键

1. 鸭肫要彻底洗净，十字花刀的间距、深度一致。
2. 鸭肫要腌制入味，不然影响口感。
3. 油温要控制得当，鸭肫炸成菊花形。

五、评价标准

总得分

项次	项目及技术要求	分值设置	得分
1	器皿清洁干净、个人卫生达标	10	
2	菊花鸭肫丝粗细均匀	20	
3	造型美观、呈菊花状	30	
4	味道咸鲜、有嚼劲	30	
5	卫生打扫干净、工具摆放整齐	10	

实训 3 蒜香小排

一、原料配备

主料： 仔排400g。

调料： 色拉油1000g（实耗100g），香菜10g，盐3g，花生酱10g，白糖5g，玫瑰露酒50g，芝麻酱5g，蒜子50g，蒜香粉50g，干淀粉10g，辣椒酱10g，5%的食用碱溶液1000g。

二、操作流程

1. 将仔排逐条砍成8cm长的条状，投入5%的食用碱溶液中浸泡腌制1～2h，用清水反复漂洗4～5h，沥水用干毛巾吸干水待用；香菜清洗干净去梗留叶待用。

2. 将蒜子去皮，剁成蓉状，与花生酱、白糖、玫瑰露酒、盐、蒜香粉、芝麻酱、辣椒酱、干淀粉一起放入仔排中，拌匀，放入冰柜腌制2h，取出待用。

3. 将净锅置旺火上，滑锅后倒入色拉油，烧至五成热，下入仔排炸至定型，离火浸炸至油温降至三成左右，再上旺火炸至排骨香酥，倒出沥油，整齐摆放在铺有吸油纸的盘中，用香菜点缀即可。

三、成品特点

外酥香里软嫩，松嫩脱骨，蒜香浓郁，咸鲜微甜。

四、操作关键

1. 仔排一定要冲去血污杂质。
2. 仔排改刀成形，长短一致。
3. 腌制时间要掌握好，排骨要入味。
4. 油温不宜过高，排骨需炸熟炸透不炸煳。

五、评价标准

总得分

项次	项目及技术要求	分值设置	得分
1	器皿清洁干净、个人卫生达标	10	
2	排骨长短一致	20	
3	外酥香里软嫩、松嫩脱骨	30	
4	蒜香浓郁、咸鲜微甜	30	
5	卫生打扫干净、工具摆放整齐	10	

任务2　酥炸类湘菜烹调

任务导读

一、定义

酥炸是将加工好的原料经煮或蒸熟后，挂上全蛋糊或水粉糊，下油锅炸至外表金黄，具有酥香质感的一种烹调方法。

二、工艺流程

选料 → 原料初加工 → 刀工成形 → 初熟处理 → 挂糊 ↓ 炸制 ← 改刀装盘 ← 辅助调味

三、技术关键

1. 原料在挂糊之前一般需要经过初步熟处理，如蒸、煮等。

2. 糊的种类和浓度应根据成菜的特点来决定，糊不能调太稀，太稀原料挂不上糊，反之则影响成菜质感。

3. 酥炸的菜肴一般需要经过两次炸制，初炸定型，复炸至金黄色，炸制油温根据原料性质和成菜特点而定，把握好"隔炸""浸炸"。

四、成品特点

色泽淡黄或金黄、深黄，外部酥松香脆，内部肉质鲜嫩。

任务目标

1. 了解酥炸的定义、工艺流程、成品特点和代表菜品。
2. 熟悉烹调方法酥炸的原料选择要求、初加工方法和技术关键。
3. 掌握常见酥炸类湘菜的制作方法。

实训 1
麻仁香酥鸡

一、原料配备

主料： 仔鸡1只（约1000g）。

配料： 猪肥膘100g，鸡蛋2个。

调料： 色拉油1000g（实耗100g），盐5g，葱10g，姜10g，料酒10g，花椒10g，干淀粉100g，面粉100g，火腿肠20g，香菜10g，白芝麻10g。

二、操作流程

1. 将仔鸡宰杀，腹开去内脏洗净，沥干水分，葱、姜洗净待用。

2. 将仔鸡去大骨，加葱、姜拍碎，加料酒、盐、花椒腌30min入味，猪肥膘切成0.2cm粗的丝，火腿肠切米粒状。

3. 将仔鸡和猪肥膘肉一起放入蒸柜蒸30min，成熟后取出凉凉，慢慢撕下鸡皮平摊在抹油的盘中，取鸡肉撕成丝状。

4. 取蛋清放入碗中，打发，加干淀粉调制成蛋泡糊；蛋黄加面粉、盐调制成蛋黄糊；将肥膘丝、鸡肉丝放入蛋黄糊中，搅匀匀平摊在鸡皮上。将净锅置旺火上，烧至五成热，放入裹上蛋黄糊的鸡肉丝，用小火炸酥，倒出沥油；将炸好的有鸡皮的鸡肉一面朝下，将蛋泡糊均匀地涂抹在表面，撒上火腿粒和白芝麻，下入三成热的油锅中，用手勺不断

将热油淋在蛋泡糊的表面，炸至蛋泡糊蓬松，里外成熟且色泽微黄时捞出沥油。将炸好的成品改刀成5cm长、1cm宽的鸡块，装盘，用香菜点缀即可。

三、成品特点

底部焦香酥脆，面部松软。

四、操作关键

1. 鸡皮摊在盘中保持形态完整无破损。

2. 鸡肉需要腌制入味后蒸熟。

3. 蛋黄糊调制要有厚度，不宜太稀，将蛋清彻底打发。

4. 控制油温，保证炸制的时候鸡肉炸酥，炸制蛋泡糊时油温不易过高。

五、评价标准

总得分

项次	项目及技术要求	分值设置	得分
1	器皿清洁干净、个人卫生达标	10	
2	鸡块大小均匀、色泽金黄	20	
3	蛋泡糊底部蓬松不塌	30	
4	糊底部焦香酥脆、面部松软	30	
5	卫生打扫干净、工具摆放整齐	10	

一、原料配备

主料： 草鱼1条（约1500g）。

配料： 鸡蛋3个，熟火腿50g。

调料： 色拉油1000g（实耗100g），料酒10g，盐5g，葱15g，姜15g，淀粉50g，面粉50g，花椒10g，香菜10g，芝麻10g。

二、操作流程

1. 将草鱼宰杀，去鳞、内脏，分档取鱼肉、鱼头、鱼尾，葱、姜、香菜洗净。

2. 将葱打结，姜切片，熟火腿切米粒状；将鱼肉放入碗中，用葱结、姜片、料酒、盐、花椒腌制入味；取蛋黄放入碗中，加面粉、盐调成蛋黄糊。取2个蛋清放入碗中，打发，加入淀粉，调成蛋泡糊。

3. 将净锅置旺火上，倒入色拉油，烧至五成热，下裹上蛋黄糊的鱼肉、鱼头、鱼尾，炸至外香酥里软嫩，捞出沥油；将鱼肉的一面铺上蛋泡糊，撒上芝麻和火腿，再入锅炸至蛋泡糊呈浅黄色时捞出沥油，切成5cm长、1cm见方的条，装入鱼盘中，摆上头、尾成鱼形，用香菜点缀即可。

三、成品特点

形态完整，色泽金黄，外香酥里软嫩，香气扑鼻。

四、操作关键

1. 草鱼分档取料后要保证净肉表面平整且要腌制入味。

2. 将鸡蛋和面粉按1：1的比例调制成蛋黄糊，不可太稀要有厚度，能均匀的裹在鱼肉表面。

3. 油温控制得当，需炸至外香酥里软嫩。

4. 采用铡刀法快速切断鱼块，保持形态完整。

五、评价标准

总得分

项次	项目及技术要求	分值设置	得分
1	器皿清洁干净、个人卫生达标	10	
2	鱼条大小均匀、色泽金黄	20	
3	蛋泡糊底部蓬松不塌	30	
4	鸡肉焦香酥脆、面部松软	30	
5	卫生打扫干净、工具摆放整齐	10	

任务3 软炸类湘菜烹调

任务导读

一、定义

软炸是将加工好的主料经调味腌制后挂蛋泡糊或拍粉后挂蛋泡糊，再用油将其加热制成软嫩或松软质感菜肴的一种烹调方法。

二、工艺流程

选料 → 原料初加工 → 刀工成形 → 腌制 → 挂蛋泡糊
辅助调味 ← 装盘成菜 ← 炸制

三、技术关键

1. 软炸应选用新鲜、质嫩的动物性原料。

2. 刀工成形以细、薄、小为主，一般加工成条、片、块等。

3. 原料加工成形后，需入味处理，炸制前需挂蛋泡糊。

4. 调制蛋泡糊一定要朝着同一个方向打至起泡、色发白，将筷子插上去能立起不倒，加入干淀粉轻轻搅拌均匀。

5. 炸制时油温一般为四五成热，炸制过程中需不断翻动原料，以确保成品的色泽和成熟度，炸制时间相对较短。

四、成品特点

色泽金黄或浅黄，质地外松软里嫩。

任务目标

1. 了解软炸的定义、工艺流程、成品特点和代表菜品。

2. 熟悉烹调方法软炸的原料选择要求、初加工方法和技术关键。

3. 掌握常见软炸类湘菜的制作方法。

一、原料配备

主料： 草鱼1条（约1000g）。

配料： 鸡蛋4个。

调料： 色拉油1000g（实耗100g），盐3g，料酒25g，白胡椒粉1g，葱10g，五香粉5g，姜10g，淀粉50g。

二、操作流程

1. 将草鱼宰杀去鳞、去鳃、去内脏和姜、葱分别洗净待用。

2. 草鱼取净肉切成6cm长、1cm宽的鱼条，用姜、葱、料酒、五香粉、白胡椒粉、盐腌制入味。

3. 在碗中加蛋清彻底打发后加入适量淀粉调成蛋泡糊，将净锅置旺火上，倒入色拉油烧至五成热，将鱼条裹匀蛋泡糊后下锅炸至里成熟外微黄，捞出沥油后装盘成菜。

三、成品特点

色泽金黄，外脆里嫩，味道鲜美。

四、操作关键

1. 鱼条成形大小一致，粗细均匀。

2. 鱼条需腌制入味，去除腥味。

3. 调制蛋泡糊时鸡蛋清要打发，加入适量淀粉。

4. 炸制鱼条时掌握好油温。

五、评价标准

总得分

项次	项目及技术要求	分值设置	得分
1	器皿清洁干净、个人卫生达标	10	
2	鱼条粗细均匀	20	
3	色泽金黄、香味浓郁	30	
4	外脆里嫩	30	
5	卫生打扫干净、工具摆放整齐	10	

实训 2 软炸里脊

一、原料配备

主料： 猪里脊300g。

配料： 鸡蛋4个。

调料： 色拉油1000g（实耗100g），盐3g，料酒25g，白胡椒粉1g，五香粉1g，葱10g，姜10g，淀粉50g。

二、操作流程

1. 将猪里脊、姜、葱分别清洗干净。
2. 将猪里脊肉切成6cm长、1cm宽的薄片，用姜、葱、料酒、五香粉、白胡椒粉、盐、淀粉腌制上浆。
3. 在碗中加蛋清彻底打发后加入适量淀粉调成蛋泡糊，将净锅置旺火上，倒入色拉油烧至五成热后，将里脊肉逐片裹上蛋泡糊后下锅炸至金黄，捞出沥油，装盘成菜。

三、成品特点

色泽金黄，味道鲜美。

四、操作关键

1. 里脊成形大小一致，厚薄均匀。
2. 里脊肉腌制上浆，避免不入味。
3. 蛋泡糊中的蛋清需打发，加入适量的淀粉。
4. 控制油温，炸至金黄即可。

五、评价标准

总得分

项次	项目及技术要求	分值设置	得分
1	器皿清洁干净、个人卫生达标	10	
2	里脊厚薄一致	20	
3	色泽金黄、香味浓郁	30	
4	外脆里嫩	30	
5	卫生打扫干净、工具摆放整齐	10	

任务4 干炸类湘菜烹调

一、定义

干炸，又称焦炸，是主料经刀技加工后用调味品腌制入味，然后拍粉或挂水粉糊，下油锅炸成内外干香而酥脆的一种烹调方法。

二、工艺流程

选料 → 原料初加工 → 刀工成形 → 腌制 → 拍粉/挂糊 → 炸制 → 装盘成菜 → 辅助调味

三、技术关键

1. 干炸应选用新鲜、质嫩的原料。
2. 原料加工成形后需经过拍粉或挂水粉糊再炸制。
3. 炸制的用油量要宽，具体的油量取决于原料的多少。
4. 油温的高低和火力的大小取决于原料的质地和形状的大小。

四、成品特点

色泽偏深，干香酥脆，口味咸鲜，干香可口。

任务目标

1. 了解干炸的定义、工艺流程、成品特点和代表菜品。
2. 熟悉烹调方法干炸的原料选择要求、初加工方法和技术关键。
3. 掌握常见干炸类湘菜的制作方法。

实训 1 椒盐干炸鸡

一、原料配备

主料： 仔鸡1只（重约1000g）。

调料： 色拉油1000g（实耗100g），盐6g，椒盐10g，鸡蛋1个，香菜10g，葱10g，姜10g，料酒10g，面粉100g，干淀粉100g。

二、操作流程

1. 将仔鸡从背部剖开，掏去内脏后冲洗干净沥干水分待用，将香菜清洗干净去梗留叶待用，姜、葱洗净待用。

2. 将鸡骨关节斩断，在鸡腹腔内剞上花刀，葱、姜拍碎与料酒制成葱姜料酒汁，鸡用盐、葱姜料酒汁抹匀腌制2h待用，鸡蛋打入碗中打散。

3. 将净锅置旺火上，倒入色拉油，烧至五成热，将鸡刷上蛋液，均匀裹上淀粉、面粉下油锅炸至成熟，捞出沥油，锅中油温升至六成热，再次下入鸡，炸至金黄捞出，斩成5cm长，1cm宽的块，摆在盘中，撒上椒盐并在四周点缀香菜叶即成。

三、成品特点

色泽金黄，外焦里嫩，咸鲜香辣。

四、操作关键

1. 用刀拍松鸡背骨，在胸骨处剁上几刀，用刀背敲断腿小骨、翅膀骨，在鸡腿内侧各直剞一刀，鸡腹内纵横剞几刀，使鸡体各部位的肉厚薄均匀，便于成熟。

2. 五成热的油温下锅，炸至成熟，六成热油温复炸，炸至金黄。

五、评价标准

总得分

项次	项目及技术要求	分值设置	得分
1	器皿清洁干净、个人卫生达标	10	
2	完整成形、斩成长短一致的条	20	
3	色泽金黄	30	
4	外焦里嫩、咸鲜香辣	30	
5	卫生打扫干净、工具摆放整齐	10	

实训2
金枝玉叶

一、原料配备

主料: 金针菇200g。

配料: 西生菜500g。

调料: 色拉油1000g(实耗50g),肉松30g,盐3g,鸡蛋2个,淀粉100g,脆炸粉100g。

二、操作流程

1. 将金针菇去两头撕细丝,西生菜改刀成灯盏状,肉松切碎。
2. 将脆炸粉加淀粉拌均匀待用。金针菇加盐、鸡蛋黄拌匀,拍上脆炸粉。
3. 将净锅置旺火上,倒入色拉油烧至六成热,将金针菇下入油锅炸至金黄酥脆捞出沥油,均匀地撒上肉松装盘,西生菜跟盘成菜。

三、成品特点

色泽金黄,香味浓郁,香酥可口。

四、操作关键

1. 金针菇撕成细丝,粘上蛋黄,便于拍粉。
2. 脆炸粉比例得当,脆炸粉和淀粉比例为1:1。
3. 控制油温,金针菇炸至金黄。
4. 食用时用西生菜包裹金针菇食用。

五、评价标准

总得分

项次	项目及技术要求	分值设置	得分
1	器皿清洁干净、个人卫生达标	10	
2	西生菜大小均匀	20	
3	金针菇色泽金黄、香味浓郁	30	
4	口感酥脆	30	
5	卫生打扫干净、工具摆放整齐	10	

任务5 脆炸类湘菜烹调

任务导读

一、定义

脆炸是将加工处理好的原料挂脆浆糊后，下油锅炸成外香脆、里鲜嫩的一种烹调方法。

二、工艺流程

选料 → 原料初加工 → 刀工处理 → 腌制 → 挂脆浆糊 → 炸制 → 装盘成菜

三、技术关键

1. 脆炸适用于无骨的动物性原料和鲜嫩的植物性原料。

2. 脆浆糊所用面粉、淀粉的比例控制得当；泡打粉的用量要适宜，且需要根据气候的不同来确定用量的多少；调制脆浆糊，须注意防止面粉起筋。

3. 油温的高低根据原料质地决定，一般需经过复炸。

四、成品特点

色泽金黄，质地外脆里嫩。

任务目标

1. 了解脆炸的定义、工艺流程、成品特点和代表菜品。

2. 熟悉烹调方法脆炸的原料选择要求、初加工方法和技术关键。

3. 掌握常见脆炸类湘菜的制作方法。

実
训
1
脆
炸
鲜
奶

一、原料配备

主料： 鲜奶200g，椰浆100g，三花淡奶150g。

调料： 色拉油1000g（实耗50g），白糖100g，鹰粟粉50g，淀粉100g，面粉200g，炼乳100g，泡打粉10g。

二、操作流程

1. 将净锅置小火上，放入鲜奶、椰浆、炼乳、白糖、三花淡奶、面粉不停地匀速搅拌调成糊状，再将鹰粟粉和淀粉加水调白，淋入糊中慢速搅匀。

2. 将调成糊状的液体倒入提前涂好色拉油的容器里（深度3cm为宜），冷却后放冷冻冰箱速冻2h。

3. 将面粉、淀粉、泡打粉、油、水适量调成脆浆糊。

4. 将冻成形的鲜奶冻完整取出后，切成5cm长、1cm宽的条待用。

5. 将净锅置旺火上，倒入色拉油烧至五成热，将鲜奶条挂脆浆糊放入油锅中炸至定型，捞出沥油修整，油温升至六成热，复炸至金黄，出锅，装盘成菜。

三、成品特点

色泽金黄，外脆里嫩，奶香浓郁。

四、操作关键

1. 制作鲜奶冻时注意火候，小火慢加热防止煳底。

2. 鹰粟粉先用水搅拌均匀，边淋边匀速顺时针搅动，浓稠适度。

3. 鲜奶条入锅炸制时，控制好油温。

五、评价标准

总得分

项次	项目及技术要求	分值设置	得分
1	器皿清洁干净、个人卫生达标	10	
2	鲜奶大小均匀、色泽金黄	20	
3	外脆里嫩	30	
4	奶香浓郁、清甜适口	30	
5	卫生打扫干净、工具摆放整齐	10	

一、原料配备

主料: 藕500g。

配料: 水发香菇100g,五花肉100g,鸡蛋2个。

调料: 色拉油1000g(实耗100g),盐5g,花椒粉2g,淀粉150g,面粉75g,泡打粉5g,胡椒粉5g,椒盐5g。

二、操作流程

1. 将藕和香菇洗净后,藕去皮后切去两头,两刀一断切夹刀片,厚度控制在0.3cm,香菇去蒂切碎,五花肉剁成肉泥,葱洗净切成葱花待用。

2. 在肉泥中加入鸡蛋、盐、胡椒粉,顺时针搅打上劲,加入香菇搅拌均匀,将肉泥填入藕夹待用,用面粉、淀粉、泡打粉、水、油调制成脆浆糊待用。

3. 将净锅置旺火上,倒入色拉油烧至六成热,藕夹裹上脆浆糊,放入油锅,炸至定型捞出,全部炸完后修整形状后,将藕夹复炸至表面金黄即可,均匀地撒上椒盐、花椒粉、葱花,装盘成菜。

三、成品特点

色泽金黄,外脆里嫩,麻辣鲜香。

四、操作关键

1. 藕夹深度控制在4/5处为宜,保证连接不断。

2. 调制脆浆糊,面粉:淀粉为1:2。

3. 炸制的油温控制在六成热,炸至色泽金黄。

五、评价标准

总得分

项次	项目及技术要求	分值设置	得分
1	器皿清洁干净、个人卫生达标	10	
2	藕夹完整、大小一致	20	
3	色泽金黄	30	
4	入口外脆里嫩、藕夹麻辣鲜香	30	
5	卫生打扫干净、工具摆放整齐	10	

实训 3
荔枝虾球

一、原料配备

主料：基围虾300g，罐头荔枝1罐。

配料：洋葱1个。

调料：色拉油1000g（实耗100g），盐5g，面粉30g，淀粉60g，泡打粉2g。

二、操作流程

1. 将基围虾去头、虾线，留尾待用，加盐腌制，洋葱去皮切圈，荔枝沥干水分。
2. 将虾仁填入荔枝中间，将面粉、淀粉、泡打粉、水、油调制成脆浆糊。
3. 将净锅置旺火上，倒入色拉油，烧至六成热，分别把荔枝、虾和洋葱圈挂上脆浆糊入六成热的油锅炸至色泽金黄成熟后，装盘即可。

三、成品特点

色泽鲜艳，外香脆，里鲜嫩爽滑。

四、操作关键

1. 虾仁初加工后保持形态完整。
2. 调制脆浆糊比例恰当，浓度适宜。
3. 炸制的油温控制在六成热，虾球表面光滑，色泽金黄为佳。

五、评价标准

总得分

项次	项目及技术要求	分值设置	得分
1	器皿清洁干净、个人卫生达标	10	
2	虾球成形均匀完整	20	
3	色泽金黄	30	
4	外香脆、里鲜嫩爽滑	30	
5	卫生打扫干净、工具摆放整齐	10	

实训 4 脆炸洋葱圈

一、原料配备

主料：洋葱300g。

调料：色拉油1000g（实耗100g），盐3g，面粉100g，淀粉200g，泡打粉10g。

二、操作流程

1. 将洋葱去皮、去蒂后洗净待用，切成1cm厚的洋葱圈。
2. 将面粉、淀粉、水、泡打粉、盐、油调成脆浆糊。
3. 将净锅置旺火上，倒入色拉油烧至四成热，下裹好脆浆糊的洋葱圈，炸至外表定型捞出，油温烧至六成热，下洋葱圈复炸，炸至外表金黄捞出，装盘成菜。

三、成品特点

色泽金黄，洋葱味浓郁，口感酥脆。

四、操作关键

1. 洋葱圈切圈厚度要保持一致。
2. 调制脆浆糊，面粉：淀粉为1：2，浓度适宜。
3. 掌握油温，色泽金黄即可捞出。

五、评价标准

总得分

项次	项目及技术要求	分值设置	得分
1	器皿清洁干净、个人卫生达标	10	
2	色泽金黄、洋葱圈大小一致	20	
3	口感酥脆、洋葱味浓郁	30	
4	味道麻辣咸香	30	
5	卫生打扫干净、工具摆放整齐	10	

思考题　～～～～～～～～～～～～～～～～～～～～～～～～～～～～～～

1. 烹调方法炸的特点有哪些?
2. 清炸与干炸的相同点与不同点有哪些?
3. 脆炸与软炸选用的糊有什么不同?
4. 烹调方法炸的操作要点有哪些?

项目三
煎、烹类湘菜烹调

项目导读

　　煎是将初加工后的原料，经基本调味后，放入有少量油的热锅内，用中小火煎制两面金黄的一种烹调方法。从文献记载来看，煎法最早出现在北魏的《齐民要术》中。现在也是湘菜运用颇为广泛的一种烹调方法。

　　烹是原料经过初加工后再经炸制后烹入调好的味汁，翻炒均匀成菜的一种烹调方法。烹是炸的继续和延伸，炸是一次加热成菜，烹是先炸后烹两次加热成菜的方式，所以有"逢烹必炸"的说法，同时也是湘菜厨师使用较为普及的一种烹调方法。

实训任务

任务	任务编号	任务内容
任务1　煎类湘菜烹调	实训1	香椿煎蛋
	实训2	辣椒煎蛋
	实训3	紫苏煎黄瓜
	实训4	香煎小黄鱼
	实训5	干煎果饭
	实训6	干煎糯米鸭
	实训7	香煎刁子鱼
	实训8	香煎豆腐
任务2　烹类湘菜烹调	实训1	干烹鱼条
	实训2	干烹泥鳅
	实训3	干烹藕条

实训方法

教师讲解 → 理论联系实操演示 → 分组讨论 → 学生模拟训练 → 综合评比 → 教师点评 → 实训作业

任务1　煎类湘菜烹调

任务导读

一、定义

　　煎是将初加工后的原料，经基本调味后，放入有少量油的热锅内，用中小火煎至两面金黄的一种烹调方法。

二、工艺流程

选料 → 原料初加工 → 刀工成形 → 基本调味 → 煎制调味 → 装盘成菜

三、技术关键

　　1. 煎制类的菜肴多选用质地鲜嫩的原料（如虾、鱼、肉、蛋等）及部分植物性原料。

　　2. 煎制类的菜肴一般需加工成蓉、粒，或直接在原料表面剞上花刀，多为扁平状。

　　3. 煎制菜肴原料多数先经基本调味，再进行煎制。

　　4. 在煎制过程中，必须用中小火慢煎，因煎制菜肴的原料多数质地细嫩且散碎，所以应用热锅冷油，且控制好油量再放入原料煎至两面金黄色成熟即可。

四、成品特点

　　质感外酥香、里软嫩，干香不腻，色泽金黄。

任务目标

　　1. 了解煎的定义、工艺流程、成品特点和代表菜品。

　　2. 熟悉烹调方法煎的原料选择要求、初加工方法和技术关键。

　　3. 掌握常见煎类湘菜的制作方法。

实训 1　香椿煎蛋

一、原料配备

主料：鸡蛋3个。

配料：香椿100g，尖红椒20g。

调料：色拉油75g，盐3g。

二、操作流程

1. 将鸡蛋外壳洗净，打入碗中，加盐搅拌均匀，香椿、尖红椒去蒂洗净。
2. 将香椿、尖红椒切末，加入蛋液中，搅拌均匀。
3. 将净锅置旺火上，倒入色拉油烧至五成热，将蛋液倒入锅中，煎至一面金黄，翻面煎制，煎至两面金黄，出锅，装盘成菜。

三、成品特点

蛋饼色泽金黄，香椿味浓郁，口感酥软。

四、操作关键

1. 煎蛋饼时注意火候，切忌将蛋饼煎煳。
2. 将未凝固的蛋液浇至周边，凝固定型。
3. 煎制蛋饼时油不宜太多，防止油飞溅。

五、评价标准

总得分

项次	项目及技术要求	分值设置	得分
1	器皿清洁干净、个人卫生达标	10	
2	外形完整	30	
3	表面金黄、香椿味突出	30	
4	口感酥软	20	
5	卫生打扫干净、工具摆放整齐	10	

实训 2 辣椒煎蛋

一、原料配备

主料： 鸡蛋3个。

配料： 青辣椒100g。

调料： 色拉油75g，盐3g。

二、操作流程

1. 将鸡蛋外壳洗净，打入碗中，加盐搅拌均匀，青辣椒去蒂洗净。
2. 将青辣椒切末，加入蛋液中，搅拌均匀。
3. 将净锅置旺火上，倒入色拉油烧至五成热，将蛋液倒入锅中，煎至一面金黄，翻面继续煎制，煎至两面金黄，出锅，装盘成菜。

三、成品特点

蛋饼色泽金黄，整块成形，辣椒味香味浓郁，口感酥软。

四、操作关键

1. 煎蛋饼时注意火候，切忌将蛋饼煎煳。
2. 将未凝固的蛋液浇至周边，凝固定型。
3. 煎制蛋饼时油不宜太多，防止油飞溅。

五、评价标准

总得分

项次	项目及技术要求	分值设置	得分
1	器皿清洁干净、个人卫生达标	10	
2	外形完整	30	
3	表面金黄、辣椒味突出	30	
4	口感酥软	20	
5	卫生打扫干净、工具摆放整齐	10	

实训3 紫苏煎黄瓜

一、原料配备

主料： 黄瓜300g。

配料： 紫苏30g，韭菜50g，尖红椒50g。

调料： 色拉油75g，盐3g，味精3g，生抽10g。

二、操作流程

1. 将黄瓜、紫苏、韭菜洗净，尖红椒去蒂洗净待用。

2. 将黄瓜斜切成0.3cm厚的片，紫苏切丝，韭菜切成4cm长的段，尖红椒切碎。

3. 将净锅置旺火上，倒入色拉油烧至六成热，下黄瓜煎至成熟，放入紫苏、尖红椒，加少量生抽、盐、味精调味，加入韭菜，翻炒均匀，出锅，装盘成菜。

三、成品特点

黄瓜清香软嫩，紫苏香味突出，味道咸鲜香辣。

四、操作关键

1. 黄瓜需切成厚薄均匀的片。

2. 黄瓜煎制时，需煎至成熟。

3. 韭菜炒制时不宜久炒，断生即可。

五、评价标准

总得分

项次	项目及技术要求	分值设置	得分
1	器皿清洁干净、个人卫生达标	10	
2	黄瓜片厚薄均匀	30	
3	紫苏香味突出	20	
4	黄瓜清香软嫩	30	
5	卫生打扫干净、工具摆放整齐	10	

一、原料配备

主料： 小黄鱼500g。

配料： 小米辣20g。

调料： 色拉油100g，盐10g，味精3g，生抽5g，葱20g，姜20g，料酒20g。

二、操作流程

1. 将小黄鱼去鳞、鳃、内脏清洗干净，沥干水分，小米辣去蒂清洗干净。葱洗净一半切成葱花，一半拍碎，姜洗净一半切片，一半拍碎。
2. 将小黄鱼用盐、料酒、姜、葱腌制20min。
3. 将净锅置旺火上，滑锅后倒入色拉油，烧至五成热，下小黄鱼，将鱼煎至两面金黄，捞出沥油。
4. 锅中留底油，下姜、小米辣炒香，下煎好的小黄鱼，放入味精，烹入生抽，拌匀出锅，装盘成菜，撒上葱花。

三、成品特点

小黄鱼色泽金黄，外酥里嫩，咸鲜微辣。

四、操作关键

1. 小黄鱼鳞、鳃、内脏需处理干净。
2. 小黄鱼需腌制入味。
3. 小火煎制，小黄鱼煎至两面金黄。

五、评价标准

总得分

项次	项目及技术要求	分值设置	得分
1	器皿清洁干净、个人卫生达标	10	
2	形态整齐完整	30	
3	色泽美观、两面金黄	20	
4	外酥里嫩、咸鲜微辣	30	
5	卫生打扫干净、工具摆放整齐	10	

实训5
干煎果饭

一、原料配备

主料： 糯米200g。

配料： 红枣10g，莲子10g，枸杞10g，桂圆肉10g，橘饼10，冬瓜糖10g，葡萄干10g，青红丝5g。

调料： 猪油50g，白糖50g，胡椒粉5g。

二、操作流程

1. 将糯米洗净，用冷水泡制2h，捞出沥干水分，将红枣、莲子、枸杞、桂圆肉、葡萄干洗净。

2. 将红枣、橘饼、冬瓜糖切片待用。

3. 蒸柜上汽后，将糯米、莲子分别装盘上蒸柜蒸30min。在糯米中加入白糖、红枣、莲子、枸杞、桂圆肉、橘饼、冬瓜糖、葡萄干、猪油、胡椒粉翻拌均匀，取扣碗一只，碗底刷上猪油，加入青红丝，将翻拌好的糯米装入扣碗中压实，再上蒸柜蒸1h，取出。

4. 将净锅置旺火上，滑锅后倒入色拉油，烧至四成热，下果饭，用手勺压成饼状，用中小火煎至两面金黄，出锅，装盘成菜。

三、成品特点

色泽金黄，外酥脆、里软糯，果味芬芳。

四、操作关键

1. 糯米需充分泡发。果肉需搭配合理，分量合适。

2. 蒸制时间充足，糯米软糯香甜。

3. 煎制时用中小火煎至两面金黄。

五、评价标准

总得分

项次	项目及技术要求	分值设置	得分
1	器皿清洁干净、个人卫生达标	10	
2	色泽金黄	30	
3	果味芬芳	20	
4	外酥脆、里软糯	30	
5	卫生打扫干净、工具摆放整齐	10	

一、原料配备

主料： 活鸭1只（重约1000g）。

配料： 鸡蛋1个，糯米500g。

调料： 色拉油100g，卤水2000g。

二、操作流程

1. 将鸭宰杀、放血、煺毛、开膛，取出内脏，清洗干净。

2. 将糯米泡制30min，入蒸柜蒸至成熟。鸭子入卤水中卤制成熟。

3. 将卤制成熟的鸭子取净肉，剁碎。成熟的糯米趁热打散，摊平。

4. 用直径4cm的圆形模具压出圆形糯米片，取两片糯米片，在夹鸭肉一侧刷上蛋液，夹入鸭肉，制成生坯成形。

5. 将净锅置旺火上，倒入色拉油，烧至四成热，入生坯煎至两面金黄，装盘成菜。

三、成品特点

色泽金黄，质地酥脆，造型美观。

四、操作关键

1. 掌握好糯米蒸制的时间，糯米软硬适度。

2. 注意鸭子的卤制时间，确保口感酥烂。

3. 控制好火候，将糯米鸡煎至两面金黄。

五、评价标准

总得分

项次	项目及技术要求	分值设置	得分
1	鸭子卤制的时间、口感酥烂	10	
2	生坯的形状、大小符合要求	30	
3	煎至色泽金黄	20	
4	口感质地酥脆、味道鲜美	30	
5	卫生打扫干净、工具摆放整齐	10	

实训 7 香煎刁子鱼

一、原料配备

主料： 鲜刁子鱼500g。

配料： 小米辣20g。

调料： 色拉油50g，盐5g，味精3g，葱20g，姜20g，蒜20g，生抽5g，料酒20g。

二、操作流程

1. 将刁子鱼去鳞、去鳃、去内脏清洗干净，剞一字花刀，沥干水分，平铺在碗中，姜、蒜、小米辣切成米粒状。
2. 将刁子鱼用盐、料酒、姜、葱腌制20min左右。
3. 将净锅置旺火上，倒入色拉油，烧至五成热，放入腌制好的刁子鱼，将鱼的两面煎至金黄，捞出沥油。锅洗净，倒入油，下姜末、蒜末、小米辣炒香，下入煎好的刁子鱼，用生抽、味精调味，翻炒，出锅，装盘成菜。

三、成品特点

色泽金黄，外酥里嫩，咸鲜微辣。

四、操作关键

1. 煎鱼时要热锅冷油，以免鱼会粘锅。
2. 火候控制得当，刁子鱼两面煎至金黄，煎鱼的过程中，要保持小火，以免煎煳。

五、评价标准

总得分

项次	项目及技术要求	分值设置	得分
1	器皿清洁干净、个人卫生达标	10	
2	刁子鱼剞刀均匀	30	
3	色泽美观、小黄鱼两面略黄	20	
4	刁子鱼外酥里嫩、咸鲜微辣	30	
5	卫生打扫干净、工具摆放整齐	10	

实训 **8**

香煎豆腐

一、原料配备

主料： 豆腐500g。

调料： 菜籽油75g，盐5g，味精3g，葱20g，辣椒粉15g，生抽3g。

二、操作流程

1. 将豆腐切成三角块，葱洗净切成葱花。
2. 将净锅置旺火上，滑锅后倒入菜籽油，烧至五成热，下豆腐煎至两面金黄，加辣椒粉、盐、味精、生抽调味，出锅，装盘成菜，撒上葱花。

三、成品特点

豆腐色泽金黄，外焦里嫩。

四、操作关键

1. 豆腐改刀时需大小一致。
2. 煎制过程中应控制好火候，小火煎至两面金黄。

五、评价标准

总得分

项次	项目及技术要求	分值设置	得分
1	器皿清洁干净、个人卫生达标	10	
2	豆腐形状、大小一致	30	
3	色泽金黄	20	
4	外焦里嫩、咸鲜香辣	30	
5	卫生打扫干净、工具摆放整齐	10	

任务2　烹类湘菜烹调

任务导读

一、定义

　　烹是原料经过初加工后再经炸制后烹入调好的味汁，翻炒均匀成菜的一种烹调方法。

二、工艺流程

选料 → 原料初加工 → 刀工成形 → 腌制入味 → 挂糊或者不挂糊

装盘成菜 ← 烹制成菜 ← 炸制

三、技术关键

　　1. 烹类菜肴一般选用新鲜的禽类或者河鲜类原料。

　　2. 烹类菜肴原料一般刀工处理成中小型的段、块、片、丝等形状。

　　3. 烹类菜肴初步熟处理须用油炸或滑油，所以有"逢烹必炸"之说。

　　4. 烹类菜肴提前兑汁，汁中不加淀粉。

四、成品特点

　　成品外脆里嫩，表面油润且味浓。

任务目标

　　1. 了解烹的定义、工艺流程、成品特点和代表菜品。

　　2. 熟悉烹调方法烹的原料选择要求、初加工方法和技术关键。

　　3. 掌握常见烹类湘菜的制作方法。

实训 1 干烹鱼条

一、原料配备

主料： 鲢鱼1条（重约1200g）。

调料： 色拉油1000g（实耗100g），盐5g，味精3g，白醋5g，白糖5g，酱油3g，葱10g，姜10g，蒜子5g，香油5g，料酒5g，辣椒粉10g，花椒5g。

二、操作流程

1. 将鲢鱼宰杀，去鳞、鳃、内脏清洗干净，取净鱼肉。姜、葱、蒜洗净待用。

2. 将鲢鱼斩成4cm长、1cm宽的鱼条，用盐、姜、葱、料酒腌制入味，姜切末，葱切成葱花，蒜子切末，花椒切碎。碗中加入盐、醋、糖、酱油、味精、香油兑汁搅拌均匀。

3. 将净锅置旺火，倒入色拉油，烧至五成热，用中小火炸至鱼条焦脆，锅中留底油下入姜末、蒜末、花椒碎、辣椒粉炒香后，倒入炸好的鱼条，烹入兑汁大火翻炒均匀，撒上葱花，出锅，装盘成菜。

三、成品特点

外焦香里软嫩，鲜、咸、麻、辣、香。

四、操作关键

1. 鱼条改刀要粗细均匀，长短一致。

2. 鱼条入锅炸制时，要保持鱼条的完整性。

3. 炸制油温在六成热，鱼条要炸至外焦里嫩。

4. 兑汁比例控制得当，掌握好兑汁的量。

五、评价标准

总得分

项次	项目及技术要求	分值设置	得分
1	器皿清洁干净、个人卫生达标	10	
2	鱼条粗细均匀、不破不碎	20	
3	鱼条外焦里嫩	30	
4	调味准确、复合味浓郁	30	
5	卫生打扫干净、工具摆放整齐	10	

实训2 干烹泥鳅

一、原料配备

主料： 鲜活泥鳅500g。

调料： 色拉油1000g（实耗100g），盐5g，味精3g，香油5g，白醋5g，白糖5g，酱油3g，葱20g，姜20g，蒜子5g，料酒5g，辣椒粉10g。

二、操作流程

1. 将泥鳅用盐腌死，去除表面黏液，清洗干净，姜、葱、蒜洗净待用。
2. 将姜切末，葱切成葱花，蒜子切末。在碗中加入盐、白醋、白糖、酱油、味精、香油调成兑汁。泥鳅加盐、料酒腌制入味。
3. 将净锅置旺火上，倒入色拉油，烧至五成热，将泥鳅下入锅中炸至焦脆，捞出沥油，锅中留底油，下姜末、蒜末炒香，下入辣椒粉和泥鳅翻炒均匀，倒入调好兑汁翻炒均匀，撒上葱花，出锅，装盘成菜。

三、成品特点

肉质干香，外酥脆、里软嫩，咸鲜微带酸辣。

四、操作关键

1. 泥鳅用盐腌死，去除表面黏液，清洗干净。
2. 味汁比例得当。
3. 泥鳅炸制时，油温要控制好，需将泥鳅炸至酥脆。

五、评价标准

总得分

项次	项目及技术要求	分值设置	得分
1	器皿清洁干净、个人卫生达标	10	
2	泥鳅炸制时表皮完整不破	20	
3	干香、外酥脆、里软嫩	30	
4	咸鲜微带酸辣	30	
5	卫生打扫干净、工具摆放整齐	10	

实训 3
干烹藕条

一、原料配备

主料： 藕350g。

配料： 五花肉50g。

调料： 色拉油1000g（实耗100g），香油5g，盐5g，味精3g，白醋5g，白糖5g，生抽3g，葱20g，姜20g，干辣椒20g，花椒5g。

二、操作流程

1. 将藕洗净去皮，五花肉、姜、葱分别洗净待用。

2. 将藕改刀成5cm长、1cm宽的条，清洗干净，五花肉切薄片，干辣椒切丝，姜切末，葱切段，花椒拍碎。碗中加入盐、白醋、糖、味精、生抽、香油兑成汁待用。

3. 将净锅置旺火上，倒入色拉油，烧至六成热，下入藕条炸至成熟，捞出沥油，锅中留底油下入姜末炒香后，下入辣椒粉和炸好的藕条翻炒均匀后迅速倒入兑汁，翻炒均匀，撒上葱段，出锅，装盘成菜。

三、成品特点

干香，脆嫩，咸、香、鲜、酸、辣。

四、操作关键

1. 藕条改刀要粗细均匀，大小一致。

2. 味汁要求比例得当。

3. 淋入兑汁后，快速翻炒。

五、评价标准

总得分

项次	项目及技术要求	分值设置	得分
1	器皿清洁干净、个人卫生达标	10	
2	藕条粗细均匀、大小一致	20	
3	咸、香、鲜、酸、辣	30	
4	干香、藕脆嫩	30	
5	卫生打扫干净、工具摆放整齐	10	

思考题

1. 烹调方法煎的技术关键有哪些?
2. 香煎小黄鱼的成品特点有哪些?
3. 简述煎的工艺流程。
4. 简述烹类菜肴的成菜特点。
5. 烹类菜肴的技术关键有哪些?

项目四

熘类湘菜烹调

项目导读

　　熘是将加工成形的主要原料，调味或不调味，经过油炸、汽蒸、水煮、汆或上浆滑油等方法处理后，再勾芡成菜的一种烹调方法。从文献记载来看，"熘"初始于南北朝时期。熘是湘菜厨师使用广泛的一种烹调方法。

实训任务

任务	任务编号	任务内容
任务1　脆熘类湘菜烹调	实训1	糖醋里脊
	实训2	菊花鱼
	实训3	茄汁松鼠鱼
任务2　滑熘类湘菜烹调	实训1	云耳熘猪肝
	实训2	草莓熘鸡片
	实训3	滑熘鸡球
	实训4	滑熘鱼片
任务3　软熘类湘菜烹调	实训1	花菇无黄蛋
	实训2	玉带鱼卷

实训方法

教师讲解 → 理论联系实操演示 → 分组讨论 → 学生模拟训练 → 综合评比 → 教师点评 → 实训作业

任务1 脆熘类湘菜烹调

任务导读

一、定义

脆熘是指将切配成形的原料，经腌制入味后，进行挂糊或拍粉，放入热油锅中炸至表面金黄后捞出沥油，再将原料浇淋或黏裹调制好的芡汁的一种烹调方法。

二、工艺流程

选料 → 原料初加工 → 刀工成形 → 腌制 → 挂糊或拍粉 → 炸制 → 熘制成菜

三、技术关键

1. 脆熘类菜肴一般多选用动物性原料。
2. 脆熘类菜肴刀工处理要一致，这样炸制时才能受热均匀，形态美观。
3. 脆熘类菜肴一般需要拍粉或挂糊后再进行烹调。
4. 原料炸制时要保证色泽金黄且质地焦香酥脆。
5. 脆熘类菜肴的芡汁多以油汁芡为主，要求比例得当，调味准确。

四、成品特点

脆熘类菜肴具有外酥脆、里鲜嫩，芡汁油亮的特点。

任务目标

1. 了解脆熘的定义、工艺流程、成品特点和代表菜品。
2. 熟悉烹调方法脆熘的原料选择要求、初加工方法和技术关键。
3. 掌握常见脆熘类湘菜的制作方法。

实训 1　糖醋里脊

一、原料配备

主料：猪里脊300g。

调料：色拉油1000g（实耗100g），白糖8g，白醋25g，盐3g，料酒10g，番茄沙司50g，姜10g，葱10g，泡打粉5g，面粉100g，淀粉75g。

二、操作流程

1. 将猪里脊洗净沥干水分，葱、姜分别洗净。
2. 将猪里脊剔去白筋，切成5cm长、3cm宽、3mm厚的薄片，用料酒、葱、姜、盐腌制入味；姜去皮切成丝。碗中加面粉、淀粉、泡打粉和适量的水调制成脆浆糊。
3. 将净锅置旺火上，倒入色拉油烧至六成热，下入均匀裹上脆浆糊的猪里脊片，炸至定型捞出，修整成形。待升油温至七成热时复炸，炸至金黄色时捞出沥油；锅内留底油，下入姜丝，炒出香味，加番茄沙司、白糖、白醋搅拌均匀，淋明油，迅速倒入炸好的猪里脊片，翻炒均匀，出锅，装盘成菜。

三、成品特点

色泽金红有亮度，外焦香里滑嫩，酸甜适口。

四、操作关键

1. 猪里脊切片，厚薄均匀。
2. 调制脆浆糊时用筷子朝着一个方向搅拌，防止起筋。
3. 糊的浓度要适宜，糊能均匀地裹在肉片上。
4. 严格把控油温，复炸不能炸煳。

五、评价标准

总得分

项次	项目及技术要求	分值设置	得分
1	器皿清洁干净、个人卫生达标	10	
2	肉片厚薄均匀	20	
3	色泽金红有亮度	30	
4	外焦香里滑嫩、酸甜适口	30	
5	卫生打扫干净、工具摆放整齐	10	

实训 2
菊花鱼

一、原料配备

主料： 草鱼1条（重约1500g）。

调料： 色拉油1500g（实耗100g），白糖100g，白醋50g，盐3g，番茄沙司200g，姜15g，葱15g，淀粉400g，料酒15g。

二、操作流程

1. 将鱼宰杀后腹开去内脏洗净，沥干水分，葱、姜分别洗净待用。

2. 将鱼取净肉，斜刀切片，4刀一断，再分别剞一字花刀，呈菊花状，用料酒、葱、姜、盐腌制入味，均匀拍上淀粉，抖去多余的淀粉；姜去皮切丝。

3. 将净锅置旺火上，倒入色拉油，烧至五成热，下拍好粉的鱼，炸至定型捞出，待油温升至七成热时复炸，炸至色泽金黄时捞出沥油，装盘待用；锅内留底油，下入姜丝炒出香味，依次加入番茄沙司、白糖、白醋，不断搅拌，熬至起大泡时勾芡淋油，浇淋在鱼上即可装盘。

三、成品特点

色泽红亮，形似菊花，焦香浓郁，酸甜适口。

四、操作关键

1. 刀距均匀，剞一字花刀要深至鱼皮。

2. 菊花鱼要彻底均匀地拍粉并抖去多余的淀粉。

3. 油温控制得当，鱼炸出菊花状且色泽金黄。

4. 番茄汁必须明油亮芡。

五、评价标准

总得分

项次	项目及技术要求	分值设置	得分
1	器皿清洁干净、个人卫生达标	10	
2	菊花鱼丝粗细均匀、大小一致	20	
3	色泽红亮、形似菊花	30	
4	焦香浓郁、酸甜适口	30	
5	卫生打扫干净、工具摆放整齐	10	

实训3 茄汁松鼠鱼

一、原料配备

主料： 草鱼1条（重约1500g）。

调料： 色拉油1500g（实耗100g），白糖100g，白醋50g，盐3g，番茄沙司200g，姜15g，葱15g，淀粉400g，料酒15g。

二、操作流程

1. 将鱼宰杀去鳞、鳃、内脏，清洗干净，沥干水分，葱、姜分别洗净待用。

2. 将葱、姜拍碎，加入料酒、盐制成葱姜料酒汁，将鱼斩下鱼头，做成松鼠头状，去骨取净肉，保持鱼尾相连不断，在鱼肉处斜45°剞刀至鱼皮，将鱼肉旋转90°，直刀剞花刀至鱼皮，用冷水洗净，吸干水分。

3. 将净锅置旺火上，倒入色拉油，烧至六成热，将鱼肉、鱼头均匀拍上淀粉，入油锅炸至定型捞出，油温升至七成热，下鱼肉、鱼头复炸至金黄捞出摆入盘中。

4. 锅内留底油，下白糖、白醋、番茄沙司加热搅拌，至冒大泡冲入热油搅拌均匀，均匀淋在鱼上即可。

三、成品特点

色泽红亮，形似松鼠，外脆里嫩，酸甜适口。

四、操作关键

1. 剞刀刀距均匀，深度一致，切至鱼皮处，保持鱼皮不破。

2. 炸制前拍粉颗粒均匀，并抖去多余淀粉。

3. 炸至定型后再复炸至色泽金黄。

五、评价标准

总得分

项次	项目及技术要求	分值设置	得分
1	器皿清洁干净、个人卫生达标	10	
2	色泽金红有亮度、形似松鼠	20	
3	外脆里嫩	30	
4	酸甜适口	30	
5	卫生打扫干净、工具摆放整齐	10	

任务2　滑熘类湘菜烹调

任务导读

一、定义

滑熘是将加工处理好的原料，经过上浆滑油后再浇淋或粘裹调制好的芡汁熘制成菜的一种烹调方法。

二、工艺流程

选料 → 原料初加工 → 刀工成形 → 上浆 → 挂糊或拍粉

熘制成菜 ← 滑油

三、技术关键

1. 滑熘应选择新鲜、质嫩、去骨的动物性原料的肌肉组织。

2. 原料刀工成形处理以小型原料为主，如小块、丁等形状。

3. 原料上浆时，要掌握好盐的投放量，将原料搅拌上劲，原料含水量与加入淀粉、蛋清的多少呈正相关比例。

4. 滑油时温度控制要得当，一般油温应控制在三四成热，原料在滑油时动作要利落，要迅速将原料拨散，防止粘连。

5. 滑熘类菜肴的芡汁多以油汁芡为主，要求比例得当，调味准确。

四、成品特点

成品质地滑嫩，味鲜香醇厚。

任务目标

1. 了解滑熘的定义、工艺流程、成品特点和代表菜品。

2. 熟悉烹调方法滑熘的原料选择要求、初加工方法和技术关键。

3. 掌握常见滑熘类湘菜的制作方法。

实训 1

云耳熘猪肝

一、原料配备

主料：新鲜猪肝300g。

配料：尖红椒50g，干云耳30g。

调料：色拉油500g（实耗50g），盐3g，味精2g，姜20g，葱5g，酱油3g，水淀粉5g，高汤100g。

二、操作流程

1. 将干云耳用冷水泡发待用，猪肝洗净沥干水，尖红椒去蒂与葱一并洗净待用。
2. 将猪肝切成0.3cm厚的柳叶片，加盐、酱油、水淀粉腌制上浆；葱切段，尖红椒、姜切菱形片。
3. 将净锅置旺火上，滑锅后倒入色拉油，烧至五成热，下入猪肝滑散，捞出沥油，锅内留底油，下入姜片、尖红椒片、云耳炒香，加盐、味精调味，倒入高汤烧开，勾芡淋油，出锅，装盘成菜。

三、成品特点

色如琥珀，明油亮芡，油嫩鲜香，爽脆香辣。

四、操作关键

1. 猪肝必须切成厚薄均匀的柳叶状。
2. 猪肝腌制入味，上薄浆，轻轻抓拌均匀。
3. 滑油时五成油温才可以保证猪肝滑嫩的口感。

五、评价标准

总得分

项次	项目及技术要求	分值设置	得分
1	器皿清洁干净、个人卫生达标	10	
2	猪肝大小均匀、厚薄一致	20	
3	色如琥珀、明油亮芡	30	
4	猪肝滑嫩、云耳脆嫩、咸鲜香辣	30	
5	卫生打扫干净、工具摆放整齐	10	

实训2 草莓熘鸡片

一、原料配备

主料： 鸡脯肉200g。

配料： 草莓50g，鸡蛋1个。

调料： 植物油1000g（实耗50g），精盐3g，味精4g，香油5g，水淀粉15g，姜片10g，高汤100g。

二、操作流程

1. 将鸡脯肉洗净沥干水分，草莓洗净。
2. 将鸡脯肉切成0.3cm厚的薄片，用蛋清、精盐、味精、水淀粉上浆；草莓切成0.5cm厚的片。
3. 将净锅置旺火上，倒入植物油烧至三成热，下入鸡片，滑散断生后捞出沥油。锅内留底油，下姜片炒香，放入草莓，加精盐、味精调味，倒入高汤烧开，勾芡淋香油，放入鸡片，推拌均匀，出锅，装盘成菜。

三、成品特点

色泽艳丽，鸡肉滑嫩，明油亮芡。

四、操作关键

1. 鸡片厚薄一致，大小均匀。
2. 鸡片上浆要饱满，且要提前腌制入味。
3. 油温控制得当，鸡片滑油时油温不可过高。

五、评价标准

总得分

项次	项目及技术要求	分值设置	得分
1	器皿清洁干净、个人卫生达标	10	
2	色泽艳丽、明油亮芡	20	
3	鸡肉厚薄均匀、色泽洁白光亮	30	
4	鸡肉滑嫩、咸鲜适口	30	
5	卫生打扫干净、工具摆放整齐	10	

实训 3 滑熘鸡球

一、原料配备

主料： 鸡胸肉150g。

配料： 上海青250g，火腿50g，鸡蛋2个。

调料： 色拉油1000g（实耗50g），料酒10g，盐5g，味精5g，淀粉100g，高汤100g。

二、操作流程

1. 将鸡胸肉、火腿、上海青洗净待用。
2. 将鸡胸肉切成4cm长、2cm宽、0.3cm厚的片，用盐、料酒腌制入味；火腿切成2cm长、1.5cm宽、0.2cm厚的象眼片，上海青取心待用；蛋清彻底打发，加淀粉搅拌均匀制成蛋泡糊。
3. 将净锅置旺火上，倒入色拉油烧至两成热，将均匀裹上蛋泡糊的鸡片挤成球状下入锅中，炸至外表松泡成熟，捞出沥油；净锅加水烧开，下入菜心焯水至成熟，捞出沥干水分；净锅下高汤，加火腿片、味精，烧开后勾玻璃芡，下鸡球，推拌均匀，淋热油，出锅，装盘成菜。

三、成品特点

色泽洁白，外松泡里软嫩。

四、操作关键

1. 鸡球成形均匀，大小一致。
2. 蛋泡糊一气呵成彻底打发，控制好淀粉的使用量。
3. 鸡球两成热油温下锅，炸至表面微黄即可。

五、评价标准

总得分

项次	项目及技术要求	分值设置	得分
1	器皿清洁干净、个人卫生达标	10	
2	鸡球大小均匀、色泽洁白	20	
3	鸡球饱满不塌陷	30	
4	鸡球外松泡里软嫩、明油亮芡	30	
5	卫生打扫干净、工具摆放整齐	10	

实训4 滑熘鱼片

一、原料配备

主料： 草鱼1条（约1000g）。

配料： 鸡蛋2个，尖红椒30g，尖青椒20g。

调料： 色拉油1000g（实耗100g），姜5g，盐3g，料酒15g，水淀粉30g，鸡汤100g。

二、操作流程

1. 将鱼宰杀，去鳞、鳃、内脏，取净鱼肉，姜、尖青椒、尖红椒分别洗净待用。

2. 将鱼肉片成5cm长、3cm宽、0.3cm厚的片，用盐、料酒、姜、蛋清、水淀粉腌制上浆；姜、尖红椒、尖青椒切菱形片。

3. 将净锅置旺火上，倒入色拉油烧至三成热，下入鱼片，轻轻推动，迅速滑散后捞出沥油；锅内留底油，下姜、尖红椒、尖青椒煸香，加鸡汤烧开调味，勾玻璃芡、淋明油，下入鱼片，翻炒均匀，出锅，装盘成菜。

三、成品特点

色泽洁白，鱼片完整，滑嫩爽口。

四、操作关键

1. 鱼切薄片，厚薄均匀。

2. 上浆的水淀粉浓度要适宜，鱼片饱满。

3. 火候控制得当，鱼片滑油时不脱浆。

五、评价标准

总得分

项次	项目及技术要求	分值设置	得分
1	器皿清洁干净、个人卫生达标	10	
2	色泽洁白、鱼片完整不散	20	
3	鱼片滑嫩	30	
4	明油亮芡	30	
5	卫生打扫干净、工具摆放整齐	10	

任务3　软熘类湘菜烹调

任务导读〰〰〰〰〰〰〰〰〰〰〰〰〰〰〰〰〰〰〰〰〰〰〰〰〰〰〰〰〰〰

一、定义

软熘是将原料经过初加工后，再经汆熟、煮熟或蒸熟后装盘，将调好的芡汁浇在原料上的一种烹调方法。

二、工艺流程

选料 → 原料初加工 → 刀工成形 → 加入汤或水调基本味加热成熟 → 装盘 → 浇汁熘制成菜

三、技术关键

1. 软熘类菜肴一般选用质地软嫩的动物性原料。
2. 软熘类菜肴原料经过刀工处理后成形精美。
3. 软熘类菜肴初步熟处理一般以汆熟、煮熟、蒸熟为主。
4. 软熘类菜肴芡汁稀薄有亮度。

四、成品特点

原料质地滑嫩，芡汁稀薄有亮度。

任务目标〰〰〰〰〰〰〰〰〰〰〰〰〰〰〰〰〰〰〰〰〰〰〰〰〰〰〰〰〰〰

1. 了解软熘的定义、工艺流程、成品特点和代表菜品。
2. 熟悉烹调方法软熘的原料选择要求、初加工方法和技术关键。
3. 掌握常见软熘类湘菜的制作方法。

实训 1

花菇无黄蛋

一、原料配备

主料： 鸡蛋12个。

配料： 水发花菇20g，菜心200g，米饭300g。

调料： 色拉油100g，盐3g，高汤500g，胡椒粉2g，淀粉5g。

二、操作流程

1. 将花菇去蒂，菜心洗净待用。用开蛋器将鸡蛋开圆孔，先倒出蛋清，再倒出蛋黄，蛋壳内灌入清水，洗净沥干水后灌少许油待用。

2. 用筷子将蛋清轻轻地搅匀，加盐、高汤调均匀，灌入12个蛋壳内，并用薄纸封闭圆孔；盘上面平铺一层米饭，将鸡蛋逐个竖立在米饭上，入蒸柜蒸制15min，取出放入冷水中浸泡2min，剥去蛋壳即可。

3. 菜心焯水围边，将无黄蛋覆在盘中间。花菇煸炒加高汤煮开后加盐、胡椒粉调味，勾芡淋在无黄蛋上，装盘成菜。

三、成品特点

色泽艳丽，形态完整，质感软嫩，咸鲜味醇。

四、操作关键

1. 新鲜鸡蛋小头开孔。
2. 蛋壳要洗净，内壁抹油防止粘连。
3. 蛋清与高汤混合后充分搅匀。
4. 小火慢蒸，以免蛋壳破裂。
5. 芡汁浓度适中，明油亮芡。

五、评价标准

总得分

项次	项目及技术要求	分值设置	得分
1	器皿清洁干净、个人卫生达标	10	
2	色泽艳丽、形态完整	20	
3	芡汁浓稠适度、明油亮芡	30	
4	鸡蛋软嫩细腻、咸鲜	30	
5	卫生打扫干净、工具摆放整齐	10	

实训2 玉带鱼卷

一、原料配备

主料：鳜鱼1条（重约1000g）。

配料：熟冬笋50g，香菇50g，熟火腿50g，鸡蛋2个。

调料：色拉油1000g（实耗100g），盐5g，味精1g，料酒25g，高汤100g，白胡椒粉1g，葱50g，水淀粉50g，姜25g，香菜50g。

二、操作流程

1. 将鳜鱼宰杀去鳞、去鳃、去内脏取净肉，冬笋、香菇、火腿、姜、葱、香菜洗净。

2. 将鱼肉片成6cm长、5cm宽的薄片，用盐、料酒腌制，冬笋、香菇、火腿、姜切丝，葱白切段。鸡蛋清加水淀粉调成蛋泡糊。

3. 将鱼片平摊在大平盘中，表面均匀涂抹蛋泡糊，将切好的四种丝理齐后放在鱼片的一端，滚包成扎，用葱绿捆绑后上浆。碗中加高汤、白胡椒粉、味精、水淀粉兑成汁待用。

4. 将净锅置旺火上，倒入色拉油烧至五成热后下入鱼卷，轻轻拨散捞出沥油。锅内留底油，将兑好的汁倒入锅中，再下入鱼卷，轻轻翻拌，出锅成菜装盘，用香菜装饰。

三、成品特点

色彩丰富，形如玉带，滑嫩鲜香。

四、操作关键

1. 鱼片刀工成形完整，厚薄一致。

2. 鱼片捆扎时注意手法，以免成形不美观。

3. 滑油时轻轻拨动，以免破坏鱼片。

五、评价标准

总得分

项次	项目及技术要求	分值设置	得分
1	器皿清洁干净、个人卫生达标	10	
2	形如玉带、色彩丰富	20	
3	鱼卷大小一致	30	
4	味道鲜香、口感滑嫩	30	
5	卫生打扫干净、工具摆放整齐	10	

思考题

1. 烹调方法熘可以分为哪几类?
2. 滑炒和滑熘有什么异同?
3. 熘制菜肴的操作关键是什么?
4. 简述熘制菜肴的成菜特点。
5. 简述花菇无黄蛋的操作流程。

模块三

以水为主要传热介质的湘菜烹调

　　以水为主要传热介质的烹调方法是指以水为加热体，在水对热的传递作用下，使原料受热变性成熟的烹调方法。"水烹"是典型的水、火共烹法，在"火烹"的基础上，由于水传热介质的加入，使水传热烹调工艺特征明显。在以水为传热的菜品中，出现较早的菜品是"羹"，古籍中多有记载，如《韩非子》曰："尧之王天下也，茅茨不翦，采椽不斫；粝粢之食、藜藿之羹。"《周礼·天官冢宰·亨人》曰："祭祀，共大羹、铏羹。宾客亦如之。"《左传》曰："小人有母，皆尝小人之食矣。未尝君之羹，请以遗之。"

　　在烹饪的历史长河中慢慢形成了烧、煮、炖、煲、汆、涮、烩、焖、扒、煨、爆等以水为主要传热介质的烹调方法，而以上方法又有自己的衍生方法，如烧在湘菜中又有白烧、红烧、干烧之分。本教材总结归纳了湘菜制作中常用的以水为主要传热介质的烹调方法，如烧、焖、炖、煨、煮、汆、烩等。

1. 了解以水为主要传热介质的烹调方法分类。
2. 了解主要的水传热烹调方法的概念、工艺和操作关键。
3. 掌握常见的水传热烹调方法烹制菜肴的制作过程和关键点。
4. 能灵活利用所学知识解决实际生产中遇到的问题。

1. 烧类湘菜烹调
2. 焖类湘菜烹调
3. 炖、煨类湘菜烹调
4. 煮、汆、烩类湘菜烹调

项目一
烧类湘菜烹调

项目导读

烧是将经过初步熟处理（炸、煎、煸炒、煮或焯水）的原料放入锅中，加适量汤（或水），先用旺火烧开，调色、调味，然后转中小火烧透入味，再用旺火收汁勾芡成菜的一种烹调方法。烧的烹调方法在夏朝时期就已出现，随着烹饪器具的使用和发展，烧在烹饪中的应用也越来越广泛，形成了红烧、白烧、干烧等方法。

实训任务

任务	任务编号	任务内容
任务1　红烧类湘菜烹调	实训1	红烧冬瓜
	实训2	红烧茄子
	实训3	家常豆腐
	实训4	麻婆豆腐
	实训5	红烧鱼块
	实训6	红烧肉
	实训7	板栗烧鸡块
	实训8	红烧肥肠
	实训9	土豆烧牛腩
	实训10	红烧甲鱼
	实训11	红烧猪脚
	实训12	红烧狮子头
	实训13	土鸡烧鲍鱼
	实训14	红烧排骨
	实训15	魔芋烧鸭
	实训16	蚕豆墨鱼仔
	实训17	红烧鳝片
	实训18	家常海参

续表

任务	任务编号	任务内容
任务2　白烧类湘菜烹调	实训1	素烧四宝
	实训2	白烧蹄筋
任务3　干烧类湘菜烹调	实训1	干烧豆腐
	实训2	干烧春笋
	实训3	干烧鱼

实训方法

任务1　红烧类湘菜烹调

任务导读

一、定义

红烧是将经过初步熟处理后的原料加适量的汤水，放入锅中，加入有色调味品调色、调味，用旺火烧开转中小火烧透入味，再转旺火收汁，勾芡成菜的一种烹调方法。

二、工艺流程

选料 → 原料初加工 → 刀工成形 → 初步熟处理 → 加入汤汁或清水

装盘成菜 ← 旺火收汁勾芡 ← 旺火烧开，中小火烧透入味 ← 调味、调色

三、技术关键

1. 红烧类菜肴一般需要初步熟处理（炸、煎、煸、煮或者焯水）。
2. 红烧类菜肴需掌握好汤水的量，一次加足，汤多味淡，汤少原料不易烧透。
3. 湘菜红烧调色方法以酱油、糖色、红曲米为主。
4. 红烧类菜肴的火候应旺火烧开，中小火烧制入味，旺火收汁勾芡。

四、成品特点

色泽红润，酥软柔嫩，汁宽芡浓，味道醇厚。

任务目标

1. 了解红烧的定义、工艺流程、成品特点和代表菜品。
2. 熟悉烹调方法红烧的原料选择要求、初加工方法和技术关键。
3. 掌握常见红烧类湘菜的制作方法。

实训1

红烧冬瓜

一、原料配备

主料：冬瓜750g。

配料：猪瘦肉75g，尖红椒20g。

调料：色拉油75g，盐5g，味精2g，香油10g，酱油5g，葱15g，蒜子25g，水淀粉10g。

二、操作流程

1. 将冬瓜削皮去瓤洗净，尖红椒去蒂与蒜子、葱分别洗净待用。
2. 在冬瓜去皮的一面剞十字花刀（间隔1cm），切成3cm见方的块。猪瘦肉、蒜子、尖红椒均切成米粒状。葱切成葱花。
3. 将净锅置旺火上，倒入色拉油烧至七成热，下冬瓜煎至金黄色，加尖红椒、蒜、瘦肉翻炒均匀，加入适量水、盐、味精、酱油调味调色，旺火烧开，转中小火烧透烧烂，旺火收汁，勾芡淋香油，出锅，装盘成菜，撒上葱花。

三、成品特点

色泽红亮，冬瓜软烂，咸鲜香辣。

四、操作关键

1. 冬瓜剞刀整齐一致。
2. 烧制时需将剞刀一面煎至金黄。
3. 火候控制得当，冬瓜烧至软烂。

五、评价标准

总得分

项次	项目及技术要求	分值设置	得分
1	器皿清洁干净、个人卫生达标	10	
2	大小均匀、剞刀整齐一致	30	
3	色泽红亮	20	
4	冬瓜软烂、咸鲜香辣	30	
5	卫生打扫干净、工具摆放整齐	10	

实训2

红烧茄子

一、原料配备

主料：茄子500g。

配料：猪瘦肉75g，尖红椒25g。

调料：色拉油500g（实耗100g），盐3g，味精2g，豆瓣酱15g，香油10g，酱油5g，姜10g，蒜子25g，葱25g，水淀粉10g。

二、操作流程

1. 将茄子去蒂洗净，猪瘦肉、尖红椒、姜、蒜子、葱洗净待用。

2. 将茄子从中间切开，在有皮的一面剞十字刀，切成3cm见方的块，泡水。蒜子、尖红椒切成米粒状，葱切成葱花，猪瘦肉剁成肉末，豆瓣酱剁碎。

3. 将净锅置旺火上，倒入色拉油，烧至七成热，下茄子过油，捞出沥油，锅内留底油，加猪肉、蒜、姜、豆瓣酱、尖红椒炒香，加入茄子和适量的水，旺火烧开，加盐、味精、酱油调味调色，用中小火烧透入味，旺火收汁，勾芡淋香油，出锅，装盘成菜，撒上葱花。

三、成品特点

色泽红亮，茄子软烂，香鲜味美。

四、操作关键

1. 茄子改刀后需泡水，保持茄子不变色。

2. 烧制时需旺火烧开，用中小火烧至茄子入味，旺火收汁。

五、评价标准

总得分

项次	项目及技术要求	分值设置	得分
1	器皿清洁干净、个人卫生达标	10	
2	茄子大小一致	30	
3	色泽红亮	20	
4	茄子软烂、香鲜味美	30	
5	卫生打扫干净、工具摆放整齐	10	

实训 3 家常豆腐

一、原料配备

主料： 豆腐350g。

配料： 猪瘦肉50g，尖青椒20g，大蒜50g。

调料： 色拉油1000g（实耗50g），盐4g，味精2g，豆瓣酱15g，酱油3g，水淀粉15g。

二、操作流程

1. 将尖青椒去蒂洗净待用，大蒜洗净待用。
2. 将豆腐一开二，切成0.5cm厚的三角片，瘦肉切成0.2cm厚的片，放入碗中，放盐、酱油、水淀粉腌制入味，大蒜切成4cm长的段，尖青椒切菱形片，豆瓣酱剁碎。
3. 将净锅置旺火上，倒入色拉油，烧至五成热时下豆腐，炸至外表金黄，捞出沥油。
4. 锅内留底油，放入豆瓣酱、肉片煸炒，加适量水，下豆腐，旺火烧开，加盐、味精、酱油调味调色，转中小火烧至入味，放入尖青椒，旺火收汁，放大蒜，勾芡淋油，出锅，装盘成菜。

三、成品特点

色泽红亮，豆腐软嫩，鲜香咸辣。

四、操作关键

1. 豆腐厚薄一致。
2. 豆腐炸制时需一片片加入，用手勺轻轻推动。
3. 烧制时需旺火烧开，转中小火烧至入味，旺火收汁。

五、评价标准

总得分

项次	项目及技术要求	分值设置	得分
1	器皿清洁干净、个人卫生达标	15	
2	厚薄一致、形态完整	20	
3	色泽红亮	20	
4	豆腐软嫩、鲜香咸辣	30	
5	卫生打扫干净、工具摆放整齐	15	

一、原料配备

主料：豆腐300g。

配料：猪前腿肉50g。

调料：色拉油50g，盐4g，味精2g，葱10g，酱油10g，豆瓣酱20g，花椒2g，水淀粉20g，料酒20g。

二、操作流程

1. 将猪前腿肉、豆腐、葱分别洗净待用。

2. 将豆腐切成1.5cm见方的块，猪肉剁成末，豆瓣酱剁碎，葱切成葱花，花椒剁碎。

3. 将净锅置旺火上，将豆腐块放入冷水锅中，加盐、酱油、料酒焯水，捞出待用。

4. 将净锅置旺火上，倒入色拉油，烧至五成热，下肉末煸炒，煸酥后加入豆瓣酱炒香，加适量水，放入豆腐块，旺火烧开加入盐、味精、酱油调味上色，转中小火烧至入味，旺火收汁，撒花椒，勾芡淋油，出锅，装盘成菜，撒上葱花。

三、成品特点

麻、辣、咸、烫、酥、嫩、鲜，风味独特。

四、操作关键

1. 豆腐需焯水，去除豆腥味。

2. 肉末需煸炒至酥。

3. 烧制时需旺火烧开，转中小火烧至入味，旺火收汁。

五、评价标准

总得分

项次	项目及技术要求	分值设置	得分
1	器皿清洁干净、个人卫生达标	15	
2	豆腐成形一致、整齐完整	20	
3	色泽红亮	20	
4	麻、辣、咸、烫、酥、嫩、鲜	30	
5	卫生打扫干净、工具摆放整齐	15	

实训5 红烧鱼块

一、原料配备

主料： 草鱼1条（重约1000g）。

配料： 尖红椒100g。

调料： 色拉油1000g（实耗50g），盐5g，味精2g，酱油5g，料酒5g，水淀粉10g，葱10g，姜10g。

二、操作流程

1. 将草鱼去鳞、去鳃、去内脏，洗净待用，将尖红椒去蒂洗净待用，葱、姜洗净待用。
2. 将草鱼斩成3cm长的块，用盐、葱、姜、料酒腌制，尖红椒切丝，姜切丝，葱切段。
3. 将净锅置旺火上，倒入色拉油，烧至七成热，下草鱼炸至金黄，捞出沥油。
4. 锅内留底油，下姜丝、尖红椒丝煸炒出香，放草鱼块，加适量的水，旺火烧开，加盐、味精、酱油调味调色，转中小火烧至入味，旺火收汁，勾芡淋油，撒入葱段，出锅，装盘成菜。

三、成品特点

色泽红亮，汁浓味美，肉质软烂。

四、操作关键

1. 鱼块清洗时，需将黑膜处理干净。
2. 入锅炸制时，不宜用手勺翻动，宜晃锅，防止鱼肉松散。
3. 烧制时需旺火烧开，中小火烧至鱼肉入味，旺火收汁。

五、评价标准

总得分

项次	项目及技术要求	分值设置	得分
1	器皿清洁干净、个人卫生达标	10	
2	鱼块形态完整	30	
3	色泽红亮	20	
4	肉质软烂、无腥味	30	
5	卫生打扫干净、工具摆放整齐	10	

实训 6 红烧肉

一、原料配备

主料：带皮五花肉1000g。

调料：色拉油1000g（实耗100g），盐3g，味精2g，白糖50g，酱油5g，姜20g，葱20g，干辣椒10g，水淀粉10g，八角10g，桂皮10g，蒜子50g。

二、操作流程

1. 将五花肉燎毛，放入温水中刮洗干净，入冷水锅中煮至断生捞出，凉透后切3cm长、3cm宽、2cm厚的块，葱、姜清洗干净。
2. 将净锅置旺火上，倒入色拉油，烧至五成热，入肉块炸至肥肉出油、色泽金黄时捞出沥油。蒜子过油炸至金黄，捞出沥油待用。
3. 将净锅置旺火上，加入白糖炒制糖色。下五花肉翻炒上色，加水没过五花肉，放入葱、姜、八角、桂皮、干辣椒，加入水大火烧开，加盐、酱油、味精调色调味，转中小火烧至五花肉软烂适口，将香料捞出，下入蒜子，旺火收汁，勾芡淋油，出锅，装盘成菜。

三、成品特点

肥而不腻，瘦而不柴，色泽红亮，软烂适口。

四、操作关键

1. 炒糖色时注意控制火候，炒至栗黄色即可。
2. 煮制肉块的肉汤留用，在烧制菜肴时加入。

五、评价标准

总得分

项次	项目及技术要求	分值设置	得分
1	器皿清洁干净、个人卫生达标	10	
2	肉块大小一致	30	
3	色泽红亮	20	
4	五花肉质地软烂、瘦而不柴、肥而不腻、入口即化	30	
5	卫生打扫干净、工具摆放整齐	10	

模块三　以水为主要传热介质的湘菜烹调　155

实训 7　板栗烧鸡块

一、原料配备

主料：仔鸡1只（重约1000g）。

配料：尖红椒50g，板栗100g。

调料：色拉油1000g（实耗100g），盐5g，味精3g，酱油5g，葱5g，姜20g，料酒10g，水淀粉15g。

二、操作流程

1. 将鸡宰杀去毛、去内脏，清洗干净，板栗去壳取肉，姜洗净，尖红椒去蒂洗净待用。
2. 将姜切片，尖红椒切成3cm长的段，将鸡斩成3cm大小的块，用盐、酱油、葱、姜、料酒腌制。
3. 将净锅置旺火上，倒入色拉油，烧至五成热，下鸡块炸至金黄，捞出沥油，下板栗炸至成熟。
4. 锅内留底油，下姜片炒香，放入鸡块、板栗，加适量水，旺火烧开，加盐、味精、酱油调味调色，转中小火烧至入味，加入尖红椒，旺火收汁，勾芡淋油，出锅，装盘成菜。

三、成品特点

汤汁醇厚，鸡肉软嫩鲜香，板栗粉糯。

四、操作关键

1. 鸡肉斩块大小均匀。
2. 烧制时，保证鸡肉、板栗成形完整。
3. 烧制时需旺火烧开，转中小火烧至入味，旺火收汁。

五、评价标准

总得分

项次	项目及技术要求	分值设置	得分
1	器皿清洁干净、个人卫生达标	15	
2	鸡肉、板栗成形完整	20	
3	鸡肉软嫩鲜香、板栗粉糯	20	
4	汤汁醇厚	30	
5	卫生打扫干净、工具摆放整齐	15	

实训8

红烧肥肠

一、原料配备

主料： 猪大肠300g。

配料： 尖红椒100g。

调料： 色拉油75g，盐5g，味精2g，料酒15g，醋5g，酱油5g，香油5g，水淀粉10g，葱15g，姜15g，蒜子30g，干辣椒10g，八角10g，桂皮10g。

二、操作流程

1. 将大肠灌洗后，剪开，摘去肥油，刮去内外黏液，用盐、醋揉搓清洗干净，尖红椒去蒂洗净，葱、姜、蒜子洗净待用。
2. 将大肠入冷水锅，放料酒、葱、姜、干辣椒、八角、桂皮，煮至七成熟，捞出切成3cm长的段，尖红椒切成3cm长的段。
3. 将净锅置旺火上，倒入色拉油，烧至六成热，下蒜子炒至金黄捞出待用。锅内留底油，下姜爆香，下大肠烹入料酒煸炒，加水，旺火烧开，加酱油、盐、味精调色调味，转中小火烧至入味，挑出姜片，下入蒜子，旺火收汁，勾芡淋香油，出锅，装盘成菜。

三、成品特点

色泽红亮，汤汁浓厚，香鲜味美。

四、操作关键

1. 大肠初加工采用灌洗法和盐醋搓洗法清洗去除异味。
2. 大肠切长短一致的段。
3. 大肠初步熟处理时需冷水下锅煮至七成熟。
4. 烧制时需旺火烧开，转中小火烧至入味，旺火收汁。

五、评价标准

总得分

项次	项目及技术要求	分值设置	得分
1	器皿清洁干净、个人卫生达标	15	
2	大肠长短一致	20	
3	色泽红亮	20	
4	汤汁浓厚、香鲜味美	30	
5	卫生打扫干净、工具摆放整齐	15	

实训 9　土豆烧牛腩

一、原料配备

主料: 牛腩1000g。

配料: 土豆200g。

调料: 色拉油1000g(实耗50g),盐5g,味精2g,豆瓣酱30g,干辣椒20g,八角5g,桂皮5g,葱10g,姜10g,白糖3g,料酒10g,酱油10g,水淀粉10g。

二、操作流程

1. 将牛腩洗净沥干水分,葱、姜、干辣椒洗净,土豆清洗去皮,切菱形块,用水浸泡,葱一半切4cm长的段,一半打成葱结,姜切片,豆瓣酱剁碎。

2. 将牛腩放入冷水锅中,加葱结、姜片、料酒旺火煮至断生,捞出清洗干净,改刀切成4cm长、3cm宽、3cm厚的块。将净锅置旺火上,倒入色拉油,烧至六成热,将土豆炸至金黄,捞出沥油待用。

3. 锅内留底油,下豆瓣酱、姜片、八角、桂皮、干辣椒炒香,下牛腩,烹入料酒煸炒,加入适量清水烧开,倒入高压锅,足汽压20min,拣去八角、桂皮、姜片、干辣椒,倒入锅中,加入土豆合烧,旺火烧开,加入盐、味精、酱油、白糖,转中小火烧至入味,旺火收汁,勾芡淋油,撒入葱段,出锅,装盘成菜。

三、成品特点

色泽红亮,牛腩软烂香辣、咸鲜。

四、操作关键

1. 牛腩冷水下锅,水量足,除尽血污,改刀成大小一致的块。

2. 放入高压锅中采用中小火压至软烂。

3. 烧制时需旺火烧开,转中小火烧至入味,旺火收汁。

五、评价标准

总得分

项次	项目及技术要求	分值设置	得分
1	器皿清洁干净、个人卫生达标	10	
2	土豆块与牛腩块大小均匀	30	
3	色泽红亮	20	
4	牛腩软烂香辣、咸鲜为主	30	
5	卫生打扫干净、工具摆放整齐	10	

实训 10
红烧甲鱼

一、原料配备

主料： 甲鱼1只（重约1000g）。

配料： 尖红椒50g。

调料： 色拉油1000g（实耗100g），盐10g，味精3g，大蒜子50g，葱30g，姜15g，酱油40g，水淀粉30g，料酒25g，胡椒粉1g。

二、操作流程

1. 将尖红椒去蒂洗净待用，葱、姜分别洗净待用。

2. 将甲鱼宰杀放完血后，剁去头，洗净，将甲鱼放入85℃的水中烫洗，撕去表膜，剥开去除内脏及喉管、气管、油脂，剁去爪尖，清洗干净，斩成3cm见方的块。姜切成0.3cm厚的片，葱一半切成4cm长的段，一半打成葱结，尖红椒切滚料块。

3. 将净锅置旺火上，倒入色拉油，烧至六成热时，下甲鱼炸至金黄，捞出沥油。锅内留底油，放入葱结、姜片、蒜片、尖红椒合炒，加入甲鱼块，烹入料酒合炒，加适量水，加盐、味精、酱油调味调色，旺火烧开，转中小火烧至入味，拣去葱结、姜片、尖红椒，旺火收汁，放入葱段、胡椒粉，勾芡淋油，出锅，装盘成菜。

三、成品特点

汁浓肉烂，色泽红亮，咸鲜香辣。

四、操作关键

1. 甲鱼宰杀合理，需去掉内脏、粗皮和油脂黑膜。

2. 烧制时需旺火烧开，转中小火烧至入味，旺火收汁。

五、评价标准

总得分

项次	项目及技术要求	分值设置	得分
1	器皿清洁干净、个人卫生达标	10	
2	甲鱼加工干净	20	
3	色泽红亮	30	
4	咸鲜香辣	30	
5	卫生打扫干净、工具摆放整齐	10	

实训 11 红烧猪脚

一、原料配备

主料：猪脚1个（重约750g）。

配料：尖红椒50g。

调料：色拉油1000g（实耗25g），盐5g，味精3g，白糖50g，酱油5g，姜8g，八角10g，蒜子100g，干辣椒20g，水淀粉20g。

二、操作流程

1. 将猪脚燎毛，刮洗干净待用，尖红椒去蒂洗净待用。

2. 将猪脚剁块，冲洗干净，冷水下锅焯水待用，尖红椒切成3cm长的段，姜切片，蒜子入油锅炸至金黄待用。

3. 将净锅置旺火上，滑锅后倒入色拉油，下白糖炒糖色，下猪脚翻炒均匀，加入姜片、干辣椒、八角合炒，加适量水旺火烧开，加盐、味精、酱油调味调色，转中小火烧至软烂入味，拣出姜、八角，加入尖红椒、蒜子，旺火收汁，勾芡淋油，出锅，装盘成菜。

三、成品特点

色泽红亮，肉香扑鼻，软烂有胶质。

四、操作关键

1. 猪脚燎毛后刮洗干净，焯水去除异味。

2. 熬糖色时火候控制得当，切忌熬出苦味。

3. 烧制时需旺火烧开，转中小火烧至入味，旺火收汁。

五、评价标准

总得分

项次	项目及技术要求	分值设置	得分
1	器皿清洁干净、个人卫生达标	10	
2	猪脚剁块大小适宜、无碎骨	30	
3	色泽红亮	20	
4	肉香扑鼻、软烂有胶质	30	
5	卫生打扫干净、工具摆放整齐	10	

一、原料配备

主料： 猪前腿肉400g。

配料： 马蹄100g，上海青200g。

调料： 色拉油1000g（实耗100g），盐10g，味精3g，酱油10g，料酒10g，鸡蛋2个，淀粉50g，姜20g，水淀粉20g。

二、操作流程

1. 将上海青洗净取菜心待用，马蹄洗净去皮，猪肉洗净待用，姜洗净待用。

2. 将猪肉剁成泥，马蹄切成丁，姜切成末，猪肉泥中加入姜末、料酒、盐、鸡蛋和淀粉，朝一个方向搅拌上劲，揉成直径5cm的丸子。

3. 将净锅置旺火上，倒入色拉油，烧至五成热，将肉丸放入，炸至定型捞出沥油，待油温升至七成热，复炸至外表金黄，捞出沥油待用。菜心焯水至断生，捞出装盘围边。

4. 锅内留底油，将肉丸倒入，加入清水同烧，旺火烧开，加盐、味精、酱油调味调色，转中小火烧至熟透入味，旺火收汁，将肉丸捞出装入用菜心围边的盘中，汤汁勾芡淋油，出锅，装盘成菜。

三、成品特点

肥瘦适宜，肉香四溢，肉丸外酥里嫩，色泽红亮。

四、操作关键

1. 肉泥搅拌时需要上劲，肥肉与瘦肉的比例为3∶7。

2. 肉丸炸制时需初炸定型，复炸至外壳起酥。

3. 烧制时需旺火烧开，转中小火烧至入味，旺火收汁。

五、评价标准

总得分

项次	项目及技术要求	分值设置	得分
1	器皿清洁干净、个人卫生达标	10	
2	肉丸均匀饱满	30	
3	色泽红亮	20	
4	肉丸外酥里嫩、肉香四溢	30	
5	卫生打扫干净、工具摆放整齐	10	

实训 13 **土鸡烧鲍鱼**

一、原料配备

主料： 老母鸡1只（重约1500g）。

配料： 鲍鱼10头。

调料： 色拉油1000g（实耗50g），盐10g，味精3g，葱10g，姜15g，料酒10g，蚝油5g，酱油5g，水淀粉10g。

二、操作流程

1. 将老母鸡宰杀去毛、去内脏，清洗待用，剁成和鲍鱼大小相当的块，冲洗干净后，用盐、酱油、葱、姜、料酒腌制，鲍鱼去壳，清洗干净，剞十字花刀备用。

2. 将净锅置旺火上，倒入色拉油，烧至五成热，下鸡块炸至表面起硬壳，捞出沥油，鲍鱼迅速过油，捞出沥油。

3. 锅内留底油，下姜片炒香，放入鸡块，加适量水，加盐、味精、蚝油、酱油调味调色，旺火烧开，转中小火烧至入味，放入鲍鱼，旺火收汁，水淀粉勾薄芡淋油，出锅，装盘成菜。

三、成品特点

色泽红亮，软嫩鲜香。

四、操作关键

1. 鲍鱼剞刀时需间距相等，深浅一致。

2. 鲍鱼过油的油温控制在五成热且要迅速，保持脆嫩。

3. 烧制时需旺火烧开，转中小火烧至入味，旺火收汁。

五、评价标准

总得分

项次	项目及技术要求	分值设置	得分
1	个人卫生达标、器皿清洁干净	15	
2	鸡肉块大小一致	20	
3	色泽红亮	20	
4	软嫩鲜香	30	
5	卫生打扫干净、工具摆放整齐	15	

实训14
红烧排骨

一、原料配备

主料：排骨400g。

配料：尖红椒150g。

调料：色拉油500g，盐5g，味精3g，姜20g，料酒10g，酱油10g，蒜子50g，水淀粉20g。

二、操作流程

1. 将排骨斩成4cm长的段，冲洗去除血水，冷水下锅焯水，捞出待用。姜洗净切片，尖红椒去蒂洗净切滚料块，蒜子洗净待用。

2. 将净锅置旺火上，倒入色拉油，烧至七成热，放入排骨，炸至表面变黄，捞出沥油，将蒜子过油，炸至金黄，捞出沥油。

3. 锅内留底油，放入姜片炒香，加入排骨，烹入料酒、酱油、盐、味精合炒，加入适量清水，旺火烧开后转中小火慢慢烧至排骨软烂，加入蒜子、尖红椒，旺火收汁，放入味精调味，勾芡淋油，出锅，装盘成菜。

三、成品特点

味道咸香，排骨酥烂，色泽红亮。

四、操作关键

1. 排骨需浸泡，冲去血水。
2. 排骨改刀需大小一致。
3. 排骨炸制前需焯水。
4. 烧制时需旺火烧开，转中小火烧至入味，旺火收汁。

五、评价标准

总得分

项次	项目及技术要求	分值设置	得分
1	器皿清洁干净、个人卫生达标	15	
2	排骨大小一致	20	
3	色泽红亮	20	
4	排骨酥烂、味道咸香	30	
5	卫生打扫干净、工具摆放整齐	15	

实训 15 魔芋烧鸭

一、原料配备

主料： 活鸭1只（重约1000g）。

配料： 魔芋200g。

调料： 色拉油100g，盐3g，味精2g，葱15g，蚝油5g，姜15g，料酒10g，酱油10g，干辣椒10g，八角5g，桂皮5g，水淀粉20g。

二、操作流程

1. 将鸭子宰杀去毛、去内脏，洗净待用。葱、姜洗净待用。
2. 将鸭子切成3cm见方的块，魔芋切成4cm长、0.2cm粗的条，姜切片，葱一半打结，一半切成4cm长的段。
3. 将净锅置旺火上，放入水烧开，下鸭块、葱结、姜块、料酒焯水，捞出待用，魔芋焯水待用。
4. 将净锅置旺火上，倒入色拉油烧至四成热，下入姜片炒香，放入鸭块、八角、桂皮、干辣椒，烹入料酒合炒，加入适量清水，旺火烧开，加盐、蚝油、酱油、味精调味调色，转中小火烧至鸭肉软烂入味，拣出八角、桂皮、干辣椒、姜片，加入魔芋，旺火收汁，勾芡淋油，出锅，装盘成菜。

三、成品特点

鸭子酥烂脱骨，色泽红亮，咸鲜柔糯。

四、操作关键

1. 鸭子宰杀时需处理干净。
2. 鸭子焯水时需冷水下锅且水量要足，去除血污和腥味。
3. 烧制时需旺火烧开，转中小火烧至入味，旺火收汁。

五、评价标准

总得分

项次	项目及技术要求	分值设置	得分
1	器皿清洁干净、个人卫生达标	15	
2	鸭块大小均匀	20	
3	色泽红亮	20	
4	鸭肉酥烂脱骨、魔芋咸鲜柔糯	30	
5	卫生打扫干净、工具摆放整齐	15	

一、原料配备

主料：墨鱼仔400g。

配料：蚕豆150g，尖红椒50g。

调料：色拉油50g，盐5g，味精3g，酱油10g，水淀粉10g，姜5g，辣妹子10g。

二、操作流程

1. 将墨鱼仔去掉眼睛、嘴，洗净，蚕豆洗净去壳，尖红椒去蒂洗净，姜洗净待用。

2. 将尖红椒、姜切菱形片。

3. 将净锅置旺火上，倒入色拉油，烧至六成热，将墨鱼仔和蚕豆迅速过油，捞出待用。

4. 锅内留底油，放入墨鱼仔、辣妹子、姜片合炒，加入适量清水，旺火烧开，加入盐、味精、酱油调味调色，加入蚕豆转中小火烧至入味，拣出姜片，放入尖红椒，旺火收汁，勾芡淋油，出锅，装盘成菜。

三、成品特点

色泽分明，香辣脆嫩，咸鲜味厚。

四、操作关键

1. 墨鱼清洗时要去掉眼睛和嘴。

2. 墨鱼仔用六成热的油温过油且迅速，保持墨鱼仔的脆嫩。

3. 烧制时需旺火烧开，转中小火烧至入味，旺火收汁。

五、评价标准

总得分

项次	项目及技术要求	分值设置	得分
1	器皿清洁干净、个人卫生达标	15	
2	成菜均匀一致	20	
3	色泽分明	20	
4	香辣脆嫩、咸鲜味厚	30	
5	卫生打扫干净、工具摆放整齐	15	

实训 17 红烧鳝片

一、原料配备

主料：鳝鱼300g。

配料：莴笋150g，紫苏叶20g。

调料：茶油50g，盐5g，味精3g，料酒5g，辣妹子5g，酱油5g，水淀粉10g，葱10g，姜5g，蒜子5g，干辣椒粉5g。

二、操作流程

1. 将鳝鱼背开，剔除脊骨，清除内脏，去头去尾，冲去血水，洗净待用，莴笋去皮洗净，紫苏叶洗净，葱、姜、蒜洗净待用。

2. 将鳝鱼切成5cm长的段，莴笋切丝，紫苏叶切碎，姜切指甲片，蒜切末，葱切成葱花，莴笋丝焯水放盐，捞出待用。

3. 将净锅置旺火上，倒入茶油，烧至五成热，放入鳝片煸炒至虎皮状，放入辣妹子、姜片，烹入料酒合炒，加适量水旺火烧开，加盐、味精、酱油调味调色，转中小火烧至入味，放入莴笋丝、紫苏叶、干辣椒粉、蒜末，旺火收汁，勾芡淋油，出锅，装盘成菜，撒上葱花。

三、成品特点

色泽明亮，汤汁醇厚，咸鲜香辣。

四、操作关键

1. 鳝鱼需清洗处理干净，去除脊骨和内脏。

2. 鳝鱼煸炒起皱，保持鳝鱼酥烂。

3. 烧制时需旺火烧开，转中小火烧至入味，旺火收汁。

五、评价标准

总得分

项次	项目及技术要求	分值设置	得分
1	器皿清洁干净、个人卫生达标	15	
2	鳝鱼长短一致	20	
3	色泽明亮、汤汁醇厚	20	
4	咸鲜香辣	30	
5	卫生打扫干净、工具摆放整齐	15	

实训 18

家常海参

一、原料配备

主料：水发海参500g。

配料：冬笋20g，鲜香菇20g，尖红椒20g。

调料：色拉油50g，盐5g，味精3g，料酒5g，豆瓣酱10g，酱油5g，葱10g，姜10g，蒜子10g，水淀粉10g。

二、操作流程

1. 将水发海参、冬笋、香菇、尖红椒、葱、姜、蒜分别洗净待用。

2. 将海参切成5cm长、0.5cm厚的片，冬笋、香菇切片。葱一半打结，一半切段。姜一半切片，一半切丝。尖红椒切成2cm长的段，蒜子切成末，豆瓣酱剁碎待用。将净锅置旺火上，加入清水、葱结、姜片、料酒，将海参焯水捞出待用。

3. 将净锅置旺火上，滑锅后倒入色拉油，烧至六成热，加入姜丝、蒜末、豆瓣酱炒香，下入冬笋、香菇合炒，加入海参和适量水，旺火烧开，加盐、味精、酱油调味调色，转中小火烧至入味，加入尖红椒，旺火收汁，勾芡淋油，下葱段，出锅，装盘成菜。

三、成品特点

色泽红亮，滑嫩柔糯。

四、操作关键

1. 海参需焯水，去除苦涩味。

2. 烧制时需旺火烧开，转中小火烧至入味，旺火收汁。

五、评价标准

总得分

项次	项目及技术要求	分值设置	得分
1	器皿清洁干净、个人卫生达标	15	
2	成菜均匀一致	20	
3	色泽红亮、光洁明润	20	
4	滑嫩柔糯	30	
5	卫生打扫干净、工具摆放整齐	15	

任务2　白烧类湘菜烹调

一、定义

　　白烧是将经过初步熟处理后的原料放入锅中，加入汤、水，调味，用旺火烧开转中小火烧透入味，再转旺火收汁勾芡成菜的一种烹调方法。

二、工艺流程

选料 → 原料初加工 → 刀工成形 → 初步熟处理 → 加入汤、水和调味品 → 旺火烧开，中小火烧透入味 → 旺火收汁勾芡 → 装盘成菜

三、技术关键

1. 白烧类菜肴宜选用新鲜无异味、色泽鲜艳、质地细嫩、滋味鲜美的原料。
2. 白烧类菜肴一般需要初步熟处理（煮、焯水、汆、过油）。
3. 白烧类菜肴不加有色调味品，以保证原料自身颜色。
4. 掌握好汤、水的量，一次性加足，汤多味淡，汤少原料不易烧透。
5. 白烧类菜肴的火候应旺火烧开，转中小火烧至入味，旺火收汁勾薄芡。

四、成品特点

　　色泽素雅，咸鲜清爽，质感滑嫩。

任务目标

1. 了解白烧的定义、工艺流程、成品特点和代表菜品。
2. 熟悉烹调方法白烧的原料选择要求、初加工方法和技术关键。
3. 掌握常见白烧类湘菜的制作方法。

素烧四宝

实训1

一、原料配备

主料： 口蘑150g，白萝卜150g，胡萝卜150g，莴笋150g。

调料： 色拉油1000g（实耗100g），盐10g，味精3g，鸡汤300g，胡椒粉1g，水淀粉15g。

二、操作流程

1. 将胡萝卜、莴笋、白萝卜刮去皮，切成4cm长的斜条，然后削成橄榄形，口蘑切成梳子形。
2. 将净锅置旺火上，倒入色拉油烧至四成热，胡萝卜、白萝卜、莴笋、口蘑分别下锅过油，捞出沥油。
3. 净锅留底油，倒入鸡汤，放入胡萝卜、白萝卜、莴笋、口蘑，盐、味精调味，大火烧开，转中小火烧至入味，撒入胡椒粉，水淀粉勾芡淋油，出锅，装盘成菜。

三、成品特点

色泽丰富，造型美观，清淡咸鲜。

四、操作关键

1. 胡萝卜、莴笋、白萝卜削成橄榄形要求大小一致。
2. 口蘑切成梳子形，要求刀距一致。
3. 根据原料的质地，过油时依次下胡萝卜、莴笋、白萝卜、口蘑。
4. 烧制时要用旺火烧开，转中小火烧至入味。
5. 勾芡厚薄适中。

五、评价标准

总得分

项次	项目及技术要求	分值设置	得分
1	器皿清洁干净、个人卫生达标	10	
2	胡萝卜、莴笋、白萝卜大小一致	30	
3	莴笋烧制时要保持碧绿	30	
4	勾芡厚薄适中、口味咸鲜	20	
5	卫生打扫干净、工具摆放整齐	10	

实训 2
白烧蹄筋

一、原料配备

主料： 油发蹄筋400g。

配料： 猪瘦肉50g，火腿50g，玉兰片50g，上海青8棵。

调料： 色拉油50g，盐3g，味精2g，高汤400g，胡椒粉3g，葱20g，姜20g，料酒5g，水淀粉50g，面粉200g。

二、操作流程

1. 将猪瘦肉、火腿、玉兰片、上海青、葱、姜清洗干净。上海青取心待用。
2. 将油发蹄筋用温水浸泡透，面粉抓洗几次，冲洗干净。葱、姜拍碎兑入料酒制成葱姜料酒汁。蹄筋用葱姜料酒汁腌制15min。葱另一半打结，姜切片。
3. 将蹄筋改刀切成约4cm长、1cm宽的条，猪瘦肉切成薄片，用盐、味精、水淀粉上浆，火腿、玉兰片切成片。
4. 将蹄筋放入沸水锅中焯水，倒出沥水。玉兰片、上海青焯水待用，将净锅置旺火上，倒入色拉油烧至四成热，下葱结、姜片炝锅，入火腿、玉兰片、蹄筋煸炒，加料酒、盐、高汤烧开，拣去葱、姜，下入肉片，用盐、味精调味，撒上胡椒粉，勾芡，放入焯好的上海青，出锅，装盘成菜。

三、成品特点

汤汁浓白，咸鲜为主，香气浓郁。

四、操作关键

1. 油发蹄筋清洗干净，去除异味。
2. 猪瘦肉上浆要控制水淀粉的浓度。
3. 烧制时要用旺火烧开，转中小火烧至入味，勾芡厚薄适中。

五、评价标准

总得分

项次	项目及技术要求	分值设置	得分
1	器皿清洁干净、个人卫生达标	10	
2	蹄筋无异味	30	
3	汤汁浓白、口味咸鲜	30	
4	勾芡不宜太厚、勾以薄芡	20	
5	卫生打扫干净、工具摆放整齐	10	

任务3　干烧类湘菜烹调

任务导读

一、定义

干烧是将原料经煎炸后，放入锅中，加入适量汤、水，调色调味，旺火烧开，转中小火烧至入味，旺火收汁，不勾芡，成菜后见油不见汁的一种烹调方法。

二、工艺流程

三、技术关键

1. 干烧类菜肴一般选用整块原料或者加工后的大块原料。
2. 干烧类菜肴初步熟处理一般以煎、炸为主。
3. 干烧类菜肴先用旺火烧沸，转中小火烧至入味，旺火收汁。
4. 干烧类菜肴不需要勾芡。

四、成品特点

外酥里嫩，色泽红润明亮，见油不见汁。

任务目标

1. 了解干烧的定义、工艺流程、成品特点和代表菜品。
2. 熟悉烹调方法干烧的原料选择要求、初加工方法和技术关键。
3. 掌握常见干烧类湘菜的制作方法。

实训1 干烧豆腐

一、原料配备

主料： 豆腐500g。

配料： 猪五花肉100g。

调料： 色拉油1000g（实耗100g），盐2g，味精3g，豆瓣酱30g，姜20g，葱10g，酱油5g，花椒粉2g，白糖5g。

二、操作流程

1. 将豆腐、猪五花肉、葱、姜分别清洗干净待用。
2. 将豆腐切成1.5cm见方的丁，猪五花肉切末，豆瓣酱剁碎，姜切末，葱切成葱花。
3. 将净锅置旺火上，倒入色拉油烧至五六成热，下入豆腐炸至金黄，捞出沥油。净锅留底油，下入肉末、姜末、豆瓣酱炒香，加入适量水烧开。下入豆腐，加酱油、花椒粉、白糖、盐、味精调味，转中小火烧至入味，旺火收汁，撒上葱花，出锅，装盘成菜。

三、成品特点

见油不见汁，色泽红亮，豆腐酥软。

四、操作关键

1. 豆腐切丁需大小一致。
2. 豆腐炸制时要控制油温，保持豆腐的完整性。
3. 烧制时要用旺火烧开，转中小火烧至入味，旺火收汁。
4. 收汁时一定见油不见汁。

五、评价标准

总得分

项次	项目及技术要求	分值设置	得分
1	器皿清洁干净、个人卫生达标	10	
2	豆腐丁大小一致	30	
3	豆腐酥软	30	
4	色泽红亮、见油不见汁	20	
5	卫生打扫干净、工具摆放整齐	10	

实训2
干烧春笋

一、原料配备

主料：春笋1000g。

配料：猪五花肉100g。

调料：色拉油1000g（实耗100g），盐2g，味精3g，豆瓣酱30g，葱10g，酱油5g，高汤300g。

二、操作流程

1. 将春笋去除笋衣，清洗干净，切滚料块，猪五花肉剁成末，葱切成葱花。
2. 将春笋下入沸水锅中焯水，捞出待用，将净锅置旺火上，倒入色拉油，烧至五成热，下入春笋过油，捞出沥油。
3. 净锅留底油，烧至五成热，下入五花肉、豆瓣酱煸炒出香味，加高汤烧开。下入春笋，加酱油、盐、味精调味，转中小火烧至入味，旺火收汁，撒上葱花，出锅，装盘成菜。

三、成品特点

色泽红亮，见油不见汁，春笋脆嫩。

四、操作关键

1. 春笋笋衣需去除干净。
2. 春笋需焯水去除苦涩味。
3. 烧制时需用旺火烧开，转中小火烧至入味，旺火收汁。
4. 收汁时见油不见汁。

五、评价标准

总得分

项次	项目及技术要求	分值设置	得分
1	器皿清洁干净、个人卫生达标	10	
2	春笋无苦涩味	30	
3	春笋脆嫩	30	
4	色泽红亮、见油不见汁	20	
5	卫生打扫干净、工具摆放整齐	10	

实训 3 干烧鱼

一、原料配备

主料：鲫鱼1条（重约500g）。

配料：猪五花肉50g，干香菇20g。

调料：色拉油1000g（实耗100g），盐5g，味精3g，酱油5g，豆瓣酱30g，姜25g，葱10g，料酒20g。

二、操作流程

1. 将鱼宰杀去鳞、鳃、内脏，清洗干净。干香菇泡发，猪五花肉、葱、姜分别洗净待用。

2. 在鱼背两面剞上间隔1cm宽的斜一字刀。猪五花肉、香菇、姜切成末，豆瓣酱剁碎，葱切成葱花。鱼用盐、葱、姜、料酒腌制20min。

3. 将净锅置旺火上，倒入色拉油烧至六成热，下入鱼炸至金黄色，捞出沥油。净锅留底油，下入肉末、姜末、香菇、豆瓣酱煸炒出香，加水烧开。下入炸制好的鲫鱼，加酱油、盐、味精烧开，转中小火烧至入味，旺火收汁，撒上葱花，出锅，装盘成菜。

三、成品特点

见油不见汁，色泽红亮，外形完整，咸鲜香辣。

四、操作关键

1. 鱼宰杀清洗时鱼腹内的黑膜清洗干净。

2. 鱼炸制时要控制油温，保持鱼的完整性。

3. 烧制时要用中小火，汤汁不宜太多。

4. 成菜时见油不见汁。

五、评价标准

总得分

项次	项目及技术要求	分值设置	得分
1	器皿清洁干净、个人卫生达标	10	
2	鱼形完整	30	
3	色泽红亮、见油不见汁	30	
4	口味咸鲜香辣	20	
5	卫生打扫干净、工具摆放整齐	10	

思考题

1. 烧制的菜肴，烹调过程中如何控制火候？
2. 烧制的菜肴，原料初熟处理的方法有哪些？
3. 烧制菜肴的汤汁一般以多少为宜？
4. 红烧类菜肴如何调色？
5. 红烧、白烧、干烧有什么区别？

焖类湘菜烹调

项目导读

　　焖是指将原料经初步热处理后，与调味品一起放入密闭容器中，加入适量汤水后，盖紧锅盖，用中小火较长时间焖至原料成熟的一种烹调方法。焖是三种"火攻菜"法中的一种，是运用水媒以及"柔性"火候，使原料达到熟透酥烂的效果。根据成菜色泽不同，焖又有红焖、黄焖和油焖之分，但在烹调方法的要求上是大体一致的。

实训任务

任务	任务编号	任务内容
任务1　黄焖类湘菜烹调	实训1	青椒焖豆腐
	实训2	老姜云耳焖仔鸡
	实训3	黄焖黄鸭叫
	实训4	黄焖鳝鱼
	实训5	油豆腐焖削骨肉
	实训6	黄焖肉丸
	实训7	鱼子鱼泡焖鱼头
任务2　红焖类湘菜烹调	实训1	红焖鸡爪
	实训2	红焖仔鸭
	实训3	腊肉焖鳝鱼
任务3　油焖类湘菜烹调	实训1	油焖春笋
	实训2	油焖烟笋

实训方法

任务1 黄焖类湘菜烹调

任务导读

一、定义

黄焖是将加工好的原料经初步熟处理后，放入锅中加适量汤汁或清水及调味品，旺火烧开撇去浮沫，加盖后转中小火焖至入味成熟，成菜汤汁呈黄色的一种烹调方法。

二、工艺流程

三、技术关键

1. 黄焖一般选择动物性原料，油脂以茶油、菜籽油为主。

2. 根据菜肴质量要求和原料质地不同，选择合适的初步熟处理方法如煸炒、煎、炸、焯水等。

3. 汤水要求一次性加足，原则上以没过原料为度。

4. 焖制时要求盖紧锅盖，防止走汽，保持锅内压力使原料尽快酥烂，并保证菜肴的色、香、味。

四、成品特点

汤汁色泽黄亮，质地酥烂、软嫩。

任务目标

1. 了解黄焖的定义、工艺流程、成品特点和代表菜品。
2. 熟悉烹调方法黄焖的原料选择要求、初加工方法和技术关键。
3. 掌握常见黄焖类湘菜的制作方法。

实训 1 青椒焖豆腐

一、原料配备

主料： 豆腐400g。

配料： 尖青椒100g，干黄豆30g。

调料： 菜籽油100g，盐5g，味精3g，蒜子30g，高汤250g。

二、操作流程

1. 将尖青椒去蒂清洗干净，干黄豆泡发待用。

2. 将豆腐切成1.5cm厚的长方片，尖青椒切碎，蒜子切指甲片。

3. 将净锅置旺火上，滑锅后倒入菜籽油烧至五成热，下入豆腐，煎至两面金黄，捞出待用。

4. 锅内留底油，下入蒜子煸炒出香味后，倒入高汤，下豆腐、黄豆、盐、味精调味，大火烧开后加入尖青椒，转中小火焖至入味，出锅，装盘成菜。

三、成品特点

豆腐软嫩鲜香，汤汁金黄，味道鲜辣。

四、操作关键

1. 豆腐在改刀时应厚薄适宜。

2. 豆腐煎至两面金黄。

3. 尖青椒不宜长时间加热，保持色泽碧绿。

五、评价标准

总得分

项次	项目及技术要求	分值设置	得分
1	器皿清洁干净、个人卫生达标	10	
2	豆腐改刀形态完整、大小一致	30	
3	汤汁金黄、尖青椒碧绿	20	
4	豆腐软嫩鲜香	30	
5	卫生打扫干净、工具摆放整齐	10	

实训2

老姜云耳焖仔鸡

一、原料配备

主料：仔鸡1只（约900g）。

配料：云耳25g，小米辣20g。

调料：茶油50g，盐5g，味精3g，葱10g，姜30g，料酒30g。

二、操作流程

1. 将仔鸡宰杀，煺毛，背开去内脏，葱、姜分别清洗干净、小米辣去蒂清洗干净。将云耳用温水涨发，用清水反复洗净泥沙。

2. 将鸡砍成约2.5cm见方的块，姜切片，葱切成4cm长的段，小米辣切碎。

3. 将净锅置旺火上，滑锅后倒入茶油烧至五成热，下姜片煸香，下鸡块煸炒，烹入料酒，加适量水、盐，加盖旺火烧开，转中小火焖至鸡肉软烂，加入云耳、味精、小米辣焖至入味，拣去姜片，撒葱段，出锅，装盘成菜。

三、成品特点

咸鲜味醇，云耳爽脆滑嫩，鸡肉软烂。

四、操作关键

1. 云耳泡发后要清洗干净，去除不能食用的根部。

2. 鸡肉改刀成块时，要大小一致。

3. 加入适量的水没过原料为宜，加盖焖制。

五、评价标准

总得分

项次	项目及技术要求	分值设置	得分
1	器皿清洁干净、个人卫生达标	10	
2	鸡肉需砍成大小一致的块	30	
3	色泽黄亮	30	
4	云耳口感爽脆、鸡肉软烂	20	
5	卫生打扫干净、工具摆放整齐	10	

实训 3 黄焖黄鸭叫

一、原料配备

主料： 黄鸭叫500g。

配料： 尖青椒50g。

调料： 菜籽油100g，盐5g，味精3g，胡椒粉3g，紫苏叶10g，葱10g，姜10g。

二、操作流程

1. 将黄鸭叫宰杀，清洗干净，葱、姜、紫苏叶分别洗净待用。
2. 将姜切片，葱切成4cm长的段，紫苏叶切碎，尖青椒切碎。
3. 将净锅置旺火上，滑锅后倒入菜籽油烧至五成热，下姜片，放入黄鸭叫煎至两面金黄，加适量水，加盖大火焖制，直至汤色变得金黄，放紫苏叶、尖青椒，加盐、味精、胡椒粉调味，撒上葱段，出锅，装盘成菜。

三、成品特点

咸鲜味美，汤色金黄，鱼肉细嫩，味道鲜辣。

四、操作关键

1. 黄鸭叫宰杀，清洗干净。
2. 黄鸭叫煎至两面金黄。
3. 焖制时要加盖，大火烧开，加水量不宜太多。
4. 紫苏叶、尖青椒要在出锅时加入。

五、评价标准

总得分

项次	项目及技术要求	分值设置	得分
1	器皿清洁干净、个人卫生达标	10	
2	色泽美观、汤色金黄	30	
3	鱼肉细嫩、味道鲜辣	30	
4	汤汁适中浓厚	20	
5	卫生打扫干净、工具摆放整齐	10	

一、原料配备

主料： 鲜鳝片300g。

配料： 黄瓜250g，小米辣20g，韭菜50g。

调料： 菜籽油100g，盐5g，味精3g，姜30g，紫苏叶15g，胡椒粉5g。

二、操作流程

1. 将鳝片、黄瓜、韭菜、小米辣去蒂、紫苏叶分别洗净备用。

2. 将鳝片切成5cm长的段，黄瓜去皮、去心切成4cm长、1cm宽的条，姜切丝，紫苏叶、小米辣切碎，韭菜切成4cm的段。

3. 将净锅置旺火上，倒入菜籽油烧至六成热，下鳝片煸炒至卷曲、起皱，下姜丝煸出香味，加适量的水没过鳝鱼，加盖大火烧开，下小米辣，加盐、味精、胡椒粉调味，旺火烧至鳝鱼软烂入味后，加入黄瓜、韭菜、紫苏叶稍微焖，出锅，装盘成菜。

三、成品特点

鳝片酥烂，黄瓜脆嫩，汤浓味鲜。

四、操作关键

1. 鳝片大小均匀，黄瓜条粗细长短一致。

2. 火候控制得当，鳝片酥烂，黄瓜断生。

3. 在焖制时需加盖，保证汤汁味美。

五、评价标准

总得分

项次	项目及技术要求	分值设置	得分
1	器皿清洁干净、个人卫生达标	10	
2	鳝片大小均匀、黄瓜条粗细长短一致	30	
3	鳝鱼片酥烂，紫苏、辣椒、味精、盐使用恰当	20	
4	汤浓味鲜、色泽黄亮、色彩搭配合理	30	
5	卫生打扫干净、工具摆放整齐	10	

实训5 油豆腐焖削骨肉

一、原料配备

主料：油豆腐300g，削骨肉100g。

调料：菜籽油50g，盐5g，味精3g，酱油5g，辣椒粉10g，大蒜20g。

二、操作流程

1. 将大蒜清洗干净。
2. 将油豆腐从中间切开，大蒜切成2cm的段。
3. 将净锅置旺火上，倒入菜籽油烧至三成热，放入辣椒粉炒香，放入削骨肉炒制，加入适量的水，烧开，盐、味精调味，酱油上色，下入油豆腐，加盖焖制豆腐入味，加入大蒜，出锅，装盘成菜。

三、成品特点

口味咸鲜香辣，油豆腐软嫩，肉香味浓。

四、操作关键

1. 焖制时需加盖，焖至豆腐入味。
2. 大蒜在出锅前加入，保持碧绿。

五、评价标准

总得分

项次	项目及技术要求	分值设置	得分
1	器皿清洁干净、个人卫生达标	10	
2	油豆腐软嫩鲜香	30	
3	汤汁金黄	20	
4	口味咸鲜香辣	30	
5	卫生打扫干净、工具摆放整齐	10	

实训 6

黄焖肉丸

一、原料配备

主料： 猪前腿肉500g。

配料： 马蹄100g，鸡蛋1个。

调料： 色拉油1000g（实耗100g），菜籽油50g，盐5g，味精5g，葱10g，姜20g，淀粉20g，胡椒粉5g。

二、操作流程

1. 将猪前腿肉、葱、姜洗净待用，马蹄去皮洗净待用。
2. 将猪前腿肉切片剁成肉泥，马蹄切成丁，葱打结，姜切片，肉泥加盐、鸡蛋、水、淀粉、胡椒粉搅拌上劲，加入马蹄搅拌均匀。
3. 将净锅置旺火上，倒入色拉油烧至五成热，将肉丸挤成直径为2cm左右的球状，入锅炸至外表金黄，捞出沥油。
4. 锅洗净，倒入菜籽油烧至六成热，下入姜炒香，加入清水，放入肉丸、葱结，加盖大火烧开。焖至肉丸酥烂，加盐、味精调味，出锅时拣去葱结、姜片，出锅，装盘成菜。

三、成品特点

色泽金黄，肉丸酥烂，汤汁浓厚，味道咸鲜。

四、操作关键

1. 肉泥朝一个方向搅打起劲。
2. 内泥挤成大小一致的球状。
3. 肉丸炸制时要控制油温，炸至金黄。
4. 肉丸焖制时要加盖，调味要准确。

五、评价标准

总得分

项次	项目及技术要求	分值设置	得分
1	器皿清洁干净、个人卫生达标	10	
2	肉丸大小一致	30	
3	肉丸酥烂完整	30	
4	汤汁浓厚、味道咸鲜	20	
5	卫生打扫干净、工具摆放整齐	10	

实训 7

鱼子鱼泡焖鱼头

一、原料配备

主料： 鱼子200g，鱼泡100g，鳙鱼头300g。

配料： 小米椒30g。

调料： 菜籽油50g，盐5g，味精3g，料酒20g，胡椒粉5g，葱20g，姜30g，紫苏叶30g。

二、操作流程

1. 将鱼子、鱼泡、小米椒、葱、姜、紫苏叶分别洗净待用。鳙鱼头去鳞、鳃洗净。

2. 将鱼子、鱼泡下入冷水锅中焯水，鱼子改刀成小块，鱼头砍成大块待用，小米椒切碎，姜切片，葱切成4cm长的段，紫苏叶切碎。

3. 将净锅置旺火上，倒入菜籽油烧至五成热，下入鱼头块煎至两面金黄色，下入姜片、盐、料酒，将鱼子、鱼泡放入，加入适量水，加盖焖煮至汤汁金黄，加入小米椒、盐、味精、胡椒粉、紫苏叶调味，捞出鱼头垫底，鱼子、鱼泡盖上面，撒葱段，出锅，装盘成菜。

三、成品特点

色泽金黄，鱼头软嫩，汤汁浓厚，味道咸鲜。

四、操作关键

1. 鱼子、鱼泡需焯水处理，去除腥味。

2. 鱼子焯水后需改刀成小块，易入味成熟。

3. 加盖焖制时控制好时间，保证鱼肉的鲜嫩。

五、评价标准

总得分

项次	项目及技术要求	分值设置	得分
1	器皿清洁干净、个人卫生达标	10	
2	鱼子要焖透、入味	30	
3	鱼头煎制时保持鱼肉完整性	30	
4	汤汁金黄浓厚、味道咸鲜	20	
5	卫生打扫干净、工具摆放整齐	10	

任务2　红焖类湘菜烹调

任务导读〜〜〜〜〜〜〜〜〜〜〜〜〜〜〜〜〜〜〜〜〜〜〜〜〜〜〜〜〜

一、定义

红焖是将加工好的原料经初步熟处理后，放入锅中加适量汤汁或清水和有色调味品，大火烧开撇去浮沫，加盖后转中小火焖至入味成熟，成菜汤汁呈红色的一种烹调方法。

二、工艺流程

选料 → 原料初加工 → 刀工成形 → 初步熟处理 → 加入汤汁或清水

装盘成菜 ← 旺火烧开加盖转中小火焖至入味 ← 调色 ← 调味

三、技术关键

1. 红焖类菜肴选料多以纤维组织较多的动物性原料为主，如牛肉、蹄髈、蹄筋等。

2. 根据菜肴质量要求和原料质地不同，选择合适的初步熟处理方法如煸炒、煎、炸、焯水等。

3. 汤水要求一次性加足，原则上以没过原料为度。

4. 焖制时要求盖紧锅盖，防止走汽，保持锅内压力使原料尽快酥烂，并保证菜肴的色、香、味。

5. 红焖的菜品制作时需加入酱油、糖色、红曲粉等有色调味品，使汤汁呈红色。

四、成品特点

成菜色泽深红，汁浓味厚，质地酥烂。

任务目标〜〜〜〜〜〜〜〜〜〜〜〜〜〜〜〜〜〜〜〜〜〜〜〜〜〜〜〜〜〜

1. 了解红焖的定义、工艺流程、成品特点和代表菜品。
2. 熟悉烹调方法红焖的原料选择要求、初加工方法和技术关键。
3. 掌握常见红焖类湘菜的制作方法。

实训 1 红焖鸡爪

一、原料配备

主料： 鸡爪1000g。

调料： 菜籽油50g，红烧汁50g，干辣椒20g，盐3g，味精2g，葱20g，姜20g。

二、操作流程

1. 将鸡爪砍去指尖，葱、姜分别清洗干净待用。
2. 将鸡爪从中间切开，葱打结，姜切片。
3. 将鸡爪下入冷水锅中焯水，捞出用冷水冲凉。
4. 将净锅置旺火上，倒入菜籽油烧至三成热，下入葱结、干辣椒、姜片炒香，下入鸡爪煸炒，下入盐、红烧汁，加入适量水（水要没过鸡爪），加盖大火烧开，转小火焖至鸡爪软烂，下入味精。出锅前拣去葱结、干辣椒、姜片，出锅，装盘成菜。

三、成品特点

色泽红亮，汤汁浓稠，鸡爪鲜香软烂。

四、操作关键

1. 鸡爪清洗干净，去除异味。
2. 鸡爪焖至软烂，控制好焖制时间、火候。
3. 加水量不宜太多，以没过鸡爪为准。

五、评价标准

总得分

项次	项目及技术要求	分值设置	得分
1	器皿清洁干净、个人卫生达标	10	
2	色泽红亮	30	
3	鸡爪鲜香软烂	20	
4	汤汁浓稠	30	
5	卫生打扫干净、工具摆放整齐	10	

实训2
红焖仔鸭

一、原料配备

主料： 仔鸭1只（重约1500g）。

配料： 猪五花肉100g，尖青椒50g。

调料： 色拉油100g，盐5g，味精2g，酱油10g，干辣椒粉20g，葱20g，姜20g，胡椒粉3g。

二、操作流程

1. 将鸭宰杀，去毛、去内脏清洗干净。猪五花肉、尖青椒去蒂洗净待用。

2. 将鸭砍成2.5cm大小的块状，猪五花肉切薄片，尖青椒切段，葱一半打结，一半切成4cm长的段，姜切片。

3. 将净锅置旺火上，倒入色拉油烧至五成热，放入五花肉煸炒出油，下入姜片炒香，放入鸭块、葱结、干辣椒粉合炒至鸭肉出油。加入适量水，放入盐、酱油，加盖大火烧开，转小火焖至鸭肉软烂，撒入味精、胡椒粉，待汤汁稠时加入尖青椒焖制，出锅前拣去葱结、姜片，撒上葱段，出锅，装盘成菜。

三、成品特点

色泽红亮，味道鲜辣，鸭肉软烂，汤汁稠浓。

四、操作关键

1. 鸭宰杀处理干净。

2. 鸭子砍成大小均匀的块。

3. 加适量水，焖至鸭肉软烂。

五、评价标准

总得分

项次	项目及技术要求	分值设置	得分
1	器皿清洁干净、个人卫生达标	10	
2	鸭肉大小一致	30	
3	色泽红亮	20	
4	鸭肉软烂、味道鲜辣	30	
5	卫生打扫干净、工具摆放整齐	10	

实训3
腊肉焖鳝鱼

一、原料配备

主料： 鳝鱼300g。

配料： 腊肉100g，尖红椒50g。

调料： 菜籽油50g，料酒30g，酱油5g，紫苏叶10g，盐3g，味精2g，葱20g，姜20g。

二、操作流程

1. 将腊肉、鳝鱼洗净，尖红椒去蒂清洗干净。

2. 将腊肉切成0.2cm厚的片，装入碗中，上蒸柜蒸20min，蒸至肉质柔软，取出。姜切丝，葱切段，紫苏叶切碎，尖红椒切碎。鳝鱼切成8cm长的段。

3. 将净锅置旺火上，倒入菜籽油烧至六成热，下入鳝鱼段，煸炒至鳝鱼皮起皱，下入姜丝、料酒煸炒，再加入蒸好的腊肉合炒，加水，加盖大火焖制，放入盐、酱油、味精、尖红椒、紫苏叶，焖制，撒上葱段，出锅，装盘成菜。

三、成品特点

色泽红亮，腊肉咸香，鳝鱼酥烂，口味香辣，汤浓味鲜。

四、操作关键

1. 腊肉需温水泡洗，去掉部分咸味。

2. 鳝鱼煸炒时，要煸至鳝鱼皮起皱，腊肉炒至出油。

3. 焖制时需加盖，加水量要没过鳝鱼。

五、评价标准

总得分

项次	项目及技术要求	分值设置	得分
1	器皿清洁干净、个人卫生达标	10	
2	色泽红亮、半汤半菜	30	
3	腊肉咸香、鳝鱼酥烂	20	
4	汤浓味鲜、口味香辣	30	
5	卫生打扫干净、工具摆放整齐	10	

任务3 油焖类湘菜烹调

一、定义

油焖是将加工成形的原料，经初步熟处理后，加入调味品和适量汤汁或清水，盖上盖，先用旺火烧开，再改用中小火焖至原料熟透并带有适量油汁的一种烹调方法。

二、工艺流程

选料 → 原料初加工 → 刀工成形 → 初步熟处理 → 加入汤汁或清水 → 调味 → 旺火烧开加盖转中小火焖至入味 → 装盘成菜

三、技术关键

1. 根据菜肴质量要求和原料质地不同，选择合适的初步熟处理方法如煎、炸、焯水等。

2. 油焖菜肴需一次性加足汤水，且汤水使用量比黄焖、红焖较少。

3. 焖制时要求盖紧锅盖，其加热时间比其他焖制方法较短。

4. 油焖菜肴制作时要将水分焖干，留有适量油汁。

四、成品特点

外观油亮，脂香味浓郁，口感软嫩、脆爽。

任务目标

1. 了解油焖的定义、工艺流程、成品特点和代表菜品。

2. 熟悉烹调方法油焖的原料选择要求、初加工方法和技术关键。

3. 掌握常见油焖类湘菜的制作方法。

实训1 油焖春笋

一、原料配备

主料： 春笋400g。

配料： 尖红椒100g。

调料： 色拉油100g，盐3g，味精3g，酱油10g，陈醋5g。

二、操作流程

1. 将春笋去除笋衣，清洗干净，尖红椒去蒂清洗干净。
2. 将春笋切成5cm长的段，尖红椒切菱形片。
3. 将春笋下入沸水中焯水，去除苦涩味。
4. 将净锅置旺火上，倒入色拉油烧至五成热，下春笋段翻炒，加入适量水没过春笋，烧开加盐、味精、酱油调味上色，水开后加锅盖改小火焖至入味，加入尖红椒，大火收汁，出锅前在锅边淋上陈醋，出锅，装盘成菜。

三、成品特点

色泽油亮，春笋脆嫩入味，醋香浓郁，味道咸鲜。

四、操作关键

1. 春笋要焯水去除苦涩味。
2. 春笋需中小火焖至入味。
3. 醋沿锅边淋入，醋香浓厚。

五、评价标准

总得分

项次	项目及技术要求	分值设置	得分
1	器皿清洁干净、个人卫生达标	10	
2	春笋口感脆嫩	30	
3	色泽油亮	30	
4	味道咸鲜、醋香浓郁	20	
5	卫生打扫干净、工具摆放整齐	10	

实训 2

油焖烟笋

一、原料配备

主料： 干烟笋100g。

配料： 猪五花肉50g，尖红椒50g。

调料： 色拉油50g，盐3g，味精3g，酱油5g，高汤100g，葱10g，姜10g。

二、操作流程

1. 将干烟笋先用温水泡4h，入锅煮制，离火泡4h，从中批开切成细丝，泡8h，再用冷水漂洗2~3遍，用温水泡4h，待烟笋松软、脆、无涩味为好。

2. 将五花肉切成丝，尖红椒切丝，姜切丝，葱切段。

3. 将净锅置旺火上，下入笋子，用中小火煸干笋子水分倒出，倒入油烧至四成热，放入五花肉煸炒出油，加入姜丝、煸干的笋子，加入高汤，放适量酱油、盐、味精，加锅盖焖至入味，待汤汁收干时，下入尖红椒丝，葱段翻炒，出锅，装盘成菜。

三、成品特点

笋子脆嫩，味道咸鲜。

四、操作关键

1. 干烟笋需发透。

2. 烟笋切丝时，要横着笋子的纹路切，易食用。

3. 烟笋需煸干内部水分。

4. 加盖焖制要让笋子充分吸收高汤，保证笋子入味。

五、评价标准

总得分

项次	项目及技术要求	分值设置	得分
1	器皿清洁干净、个人卫生达标	10	
2	猪五花肉煸炒出油	30	
3	尖红椒丝、葱段与笋丝粗细一致	20	
4	笋子脆嫩、味道咸鲜	30	
5	卫生打扫干净、工具摆放整齐	10	

思考题

1. 焖类菜肴在制作时需要特别注意什么？
2. 黄焖和红焖有什么区别和联系？
3. 油焖类菜肴在制作时选料有什么特点？
4. 焖类菜肴操作关键是什么？

项目三
炖、煨类湘菜烹调

项目导读

　　炖和煨属于典型的"火攻菜"烹调方法，以水为主要传热介质，用小火长时间加热，成菜具有"烂"而不散的特点。炖由煮演变而来，至清代始见于文字记载，后演变出隔水炖、水中炖等方法；煨根据菜肴色泽不同，可分为白煨和红煨两种。煨和炖既有共性又有特性，炖类菜肴汤汁相对于煨类菜肴稍多，具有汤清汁醇、酥烂形整、原汁原味的特点，而煨类菜肴具有软糯酥烂、口味鲜醇肥厚的特点。

实训任务

任务	任务编号	任务内容	任务	任务编号	任务内容
任务1　炖类湘菜烹调	实训1	冰糖湘莲	任务2　煨类湘菜烹调	实训1	肉汁煨老豆腐
	实训2	湖藕炖排骨		实训2	香菇煨鸡块
	实训3	黄豆炖猪脚		实训3	红煨猪脚
	实训4	五花肉炖寒菌		实训4	红煨肘子
	实训5	白芸豆炖牛尾		实训5	红煨方肉
	实训6	天麻炖乳鸽		实训6	红煨牛腩
	实训7	虫草花炖老鸭		实训7	红煨羊蹄
	实训8	墨鱼炖肚条		实训8	蒜子煨猪尾
				实训9	红煨八宝鸭

实训方法

教师讲解 → 理论联系实操演示 → 分组讨论

实训作业 ← 教师点评 ← 综合评比 ← 学生模拟训练

任务1　炖类湘菜烹调

任务导读 〜〜〜〜〜〜〜〜〜〜〜〜〜〜〜〜〜〜〜〜〜〜

一、定义

炖是将原料初加工后，经初步熟处理放入特定的盛器，加入适量的汤、水和调味品，旺火烧开，用小火长时间加热使原料成熟的一种烹调方法。

二、工艺流程

选料 → 原料初加工 → 刀工成形 → 初步熟处理

成菜 ← 调味 ← 炖制 ← 放入盛器加汤、水和调味品

三、技术关键

1. 炖菜一般选用新鲜、结缔组织多、大块、富含蛋白质的原料。
2. 炖菜初步熟处理一般为焯水，以去除原料异味，确保汤汁清醇。
3. 一次性投料，准确加入汤、水。
4. 炖菜原料下锅后，旺火烧开撇去浮沫，立即改用小火炖制使原料成熟软烂。
5. 炖菜应在出锅前加入盐。

四、成品特点

炖菜汤汁鲜醇，酥烂形整，原汁原味。

任务目标 〜〜〜〜〜〜〜〜〜〜〜〜〜〜〜〜〜〜〜〜〜〜〜〜〜

1. 了解炖的定义、工艺流程、成品特点和代表菜品。
2. 熟悉烹调方法炖的原料选择要求、初加工方法和技术关键。
3. 掌握常见炖类湘菜的制作方法。

实训
1
冰糖湘莲

一、原料配备

主料： 通心湘白莲子200g。

配料： 青豆10g，枸杞5g。

调料： 冰糖200g。

二、操作流程

1. 将莲子、枸杞、青豆清洗后待用。

2. 将莲子放入碗中，加入清水后放入蒸柜，蒸至软烂。

3. 将净锅置旺火上，加入清水，放入冰糖烧沸，待冰糖完全溶化，加青豆、莲子煮开，转小火炖至莲子入味，放入枸杞，出锅，装盘成菜。

三、成品特点

清润营养，香甜可口。

四、操作关键

1. 蒸的时间不宜太久，要保持莲子完整。

2. 枸杞不宜过早放入，保持其形态饱满完整。

3. 炖制时锅要洗净，保持汤水清澈。

五、评价标准

总得分

项次	项目及技术要求	分值设置	得分
1	器皿清洁干净、个人卫生达标	10	
2	汤汁清澈	20	
3	莲子粉糯、外形完整	30	
4	香甜可口	30	
5	卫生打扫干净、工具摆放整齐	10	

实训 2 湖藕炖排骨

一、原料配备

主料：排骨400g。

配料：湖藕500g。

调料：葱10g，姜4g，料酒10g，盐5g，味精2g，胡椒粉2g。

二、操作流程

1. 将排骨洗净，漂净血水；湖藕洗净后去皮，泡入清水中待用；葱、姜择洗干净待用。

2. 将排骨砍成3.5cm长的段；湖藕切大滚料块，泡入清水；姜切片，葱一半打结，一半切成葱花。

3. 将排骨放入冷水锅中，加料酒焯水后用清水洗净待用。

4. 将排骨连同湖藕、葱结、姜片一同放入砂锅内，大火烧开撇去浮沫，加入盐、味精转至小火炖约1.5h，至排骨软烂、湖藕粉糯，离火，撒胡椒粉，盛入碗中，撒上葱花即可。

三、成品特点

排骨软烂，湖藕粉糯，汤鲜味美。

四、操作关键

1. 湖藕去皮和切块后要泡入清水，防止其氧化变色。

2. 排骨焯水时用水量要宽，火力要大，以便去除异味和血污。

3. 炖制时要求汤水一次加足，避免中途添加汤水。

4. 大火烧开撇去浮沫，保证汤汁清澈。

5. 炖制时间要足，至排骨、湖藕软烂。

五、评价标准

总得分

项次	项目及技术要求	分值设置	得分
1	器皿清洁干净、个人卫生达标	10	
2	排骨块大小均匀、无异味	20	
3	湖藕粉糯、排骨软烂	30	
4	汤鲜味美	30	
5	卫生打扫干净、工具摆放整齐	10	

实训3 黄豆炖猪脚

一、原料配备

主料：猪脚800g。

配料：黄豆100g。

调料：色拉油50g，盐5g，味精2g，胡椒粉1g，葱10g，姜20g，料酒10g。

二、操作流程

1. 将猪脚燎毛，用温水浸泡5~10min后，刮洗干净；葱、姜清洗干净，黄豆清洗后浸泡待用。

2. 将猪脚从中间劈开，再砍成3cm长的块；葱打结，姜一半拍破待用，一半切成0.2cm厚的片。

3. 将猪脚放入冷水锅中，加葱结和姜、料酒上火焯水，捞出后沥水用清水洗净。

4. 将净锅置旺火上，放入油烧至五成热，下姜片炝锅，倒入猪脚块，烹入料酒合炒，加入清水大火烧开，撇去浮沫，倒入砂锅内，放入黄豆，加入葱结加盖后小火炖约2.5h，至猪脚酥烂脱骨、黄豆粉糯，加入盐、味精，拣去葱结、姜块，离火，撒胡椒粉，装盘成菜。

三、成品特点

汤汁浓白，猪脚柔糯软滑，咸鲜味美。

四、操作关键

1. 猪脚燎毛后，其表面的焦煳色一定要刮洗干净。

2. 猪脚斩块需大小均匀。

3. 猪脚焯水用水量要宽，火力要大，以便去除异味和血污。

4. 炖制时汤水要一次加足，避免中途添加汤水。

5. 炖制时间要足，使猪脚软烂。

五、评价标准

总得分

项次	项目及技术要求	分值设置	得分
1	器皿清洁干净、个人卫生达标	10	
2	猪脚砍块大小均匀、无异味	20	
3	猪脚柔糯软滑	30	
4	汤汁浓白、咸鲜味美	30	
5	卫生打扫干净、工具摆放整齐	10	

实训 4 五花肉炖寒菌

一、原料配备

主料：五花肉500g。

配料：寒菌300g。

调料：色拉油75g，盐3g，味精3g，酱油10g，葱10g，姜20g。

二、操作流程

1. 先将寒菌冲洗干净，去净泥沙，葱、姜洗净，五花肉清洗干净待用。
2. 将五花肉切片，葱一半打结，一半切段，姜切片待用。
3. 将净锅置旺火上，倒入色拉油烧至五成热，下姜片炝锅，下五花肉煸炒出油，加水、盐、酱油、葱结，炖至五花肉软烂。倒入寒菌，继续炖制20min，拣去葱结加入盐、味精调味，撒入葱段，盛入汤碗。

三、成品特点

汤醇味浓，肉香浓郁，寒菌脆嫩。

四、操作关键

1. 寒菌清洗干净，无泥沙。
2. 炖制时加汤要一次性加足，避免中途添加汤水。
3. 炖制五花肉软烂，再下寒菌，使其充分吸收肉汁。
4. 掌握炖制火候，寒菌脆嫩、五花肉软烂即可出锅。

五、评价标准

总得分

项次	项目及技术要求	分值设置	得分
1	器皿清洁干净、个人卫生达标	10	
2	寒菌清洗干净、无泥沙	20	
3	汤醇味浓、肉香浓郁	30	
4	寒菌脆嫩、五花肉软烂	30	
5	卫生打扫干净、工具摆放整齐	10	

实训5

白芸豆炖牛尾

一、原料配备

主料： 净牛尾900g。

配料： 白芸豆100g。

调料： 盐5g，味精3g，料酒20g，胡椒粉3g，葱20g，姜20g。

二、操作流程

1. 将牛尾除净杂毛，刮洗干净；姜、葱洗净待用；白芸豆清洗干净，用清水浸泡待用。
2. 将牛尾斩切成2cm长的段；姜切大片，葱打结待用。
3. 将牛尾放入冷水锅内，加入料酒，焯水去除腥味后捞出，洗净沥干水分待用。
4. 将牛尾、白芸豆、姜片、葱结放入砂锅，烧沸后撇去浮沫，转小火炖至牛尾软烂、白芸豆粉糯，调入味精、盐、胡椒粉调味即可。

三、成品特点

汤汁浓白，口味咸鲜，牛尾富有胶质感，白芸豆粉糯。

四、操作关键

1. 牛尾一定要刮洗干净，无余毛残留。
2. 牛尾焯水用水量要宽，火力要大，以便去除异味和血污。
3. 炖制时汤要一次性加足，避免中途添加汤水。
4. 炖制时火力要小，时间要足，使牛尾软烂。

五、评价标准

总得分

项次	项目及技术要求	分值设置	得分
1	器皿清洁干净、个人卫生达标	10	
2	牛尾清洗焯水后无异味	20	
3	白芸豆粉糯、牛尾柔糯软滑有胶质感	30	
4	汤汁浓白、口味咸鲜	30	
5	卫生打扫干净、工具摆放整齐	10	

实训 6 天麻炖乳鸽

一、原料配备

主料：乳鸽1只（重约200g）。

配料：天麻5g，熟火腿10g，枸杞5g。

调料：盐3g，味精3g，葱10g，姜10g，料酒10g。

二、操作流程

1. 将鸽子宰杀去毛、去内脏清洗干净，天麻用温水洗净，葱、姜洗净待用，枸杞洗净泡水待用。
2. 将火腿切片，葱打结，姜切片。
3. 将鸽子放入冷水锅，加入料酒，加热至沸，焯过后捞出待用。
4. 把鸽子、火腿、天麻、清水、葱结、姜片一同放入砂锅内，炖约2h，拣去葱、姜，加盐、味精调味，点入枸杞即可。

三、成品特点

汤汁清澈，香鲜味美。

四、操作关键

1. 鸽子宰杀手法准确，内脏去除干净。
2. 焯水时水量要足，以便去除血污。
3. 炖制时要求水量一次性加足，中途不再添加汤水。
4. 掌握炖制火候，鸽子肉软烂即可出锅。

五、评价标准

总得分

项次	项目及技术要求	分值设置	得分
1	器皿清洁干净、个人卫生达标	10	
2	鸽子宰杀符合规范	20	
3	鸽肉软烂适口	30	
4	汤汁清澈、香甜可口	30	
5	卫生打扫干净、工具摆放整齐	10	

实训 7

虫草花炖老鸭

一、原料配备

主料： 老鸭1只（重约1000g）。

配料： 虫草花50g。

调料： 盐3g，味精3g，葱10g，姜10g，料酒10g，胡椒粉3g。

二、操作流程

1. 将老鸭宰杀去毛、去内脏清洗干净，泡去血水，虫草花用清水洗净，葱、姜洗净待用。
2. 将鸭子斩切成块，葱打结，姜切片。
3. 将鸭子入冷水锅，放入葱结、姜片、料酒烧沸后，焯水捞出，洗净后待用。
4. 将焯水后的鸭肉连同葱结、虫草花、姜片一起放入砂锅，倒入清水烧沸后撇去浮沫，转小火炖约2h至鸭肉软烂，拣去葱、姜，加入盐、味精、胡椒粉调味即成。

三、成品特点

鸭肉软烂，汤鲜味美。

四、操作关键

1. 鸭子宰杀手法准确，内脏去除干净。
2. 鸭块焯水时水量要足，以便去除血污。
3. 炖制时要求水量一次性加足，中途不再添加汤水。
4. 掌握炖制火候，鸭子肉软烂即可出锅。

五、评价标准

总得分

项次	项目及技术要求	分值设置	得分
1	器皿清洁干净、个人卫生达标	10	
2	鸭子宰杀符合规范	20	
3	鸭肉软烂适口	30	
4	汤鲜味美	30	
5	卫生打扫干净、工具摆放整齐	10	

实训 8 墨鱼炖肚条

一、原料配备

主料：干墨鱼150g，猪肚400g。

调料：盐5g，味精3g，醋5g，葱20g，姜20g，胡椒粉2g。

二、操作流程

1. 将干墨鱼洗净，浸泡2~4h回软，去骨和眼睛；猪肚洗去表面的污物，翻转后加入盐和醋继续揉搓洗去黏液，沸水烫泡后刮去白苔，浸泡洗净即可；葱、姜洗净后待用。
2. 将猪肚洗净后放入锅中煮约20min，捞出，去除油脂，再用清水冲洗干净待用。
3. 将猪肚、墨鱼改刀成条状，姜切片，葱一半打结，一半切成葱花待用。
4. 将墨鱼同猪肚、葱结、姜片一起放入砂锅，加适量清水，煮沸后撇去浮沫，转小火炖1~2h，至猪肚软烂，加入适量盐、味精、胡椒粉调味，盛入碗中撒上葱花即可。

三、成品特点

汤汁鲜浓，味道咸鲜，猪肚软烂，墨鱼软韧。

四、操作关键

1. 猪肚清洗干净无异味。
2. 墨鱼涨发到位，撕去黑膜，去骨和眼睛。
3. 炖制时要求水量一次性加足，中途不再添加汤水。
4. 炖制时间要充足，至猪肚软烂。

五、评价标准

总得分

项次	项目及技术要求	分值设置	得分
1	器皿清洁干净、个人卫生达标	10	
2	猪肚、墨鱼清洗干净无异味	20	
3	猪肚软烂、墨鱼软韧	30	
4	汤汁鲜浓、味道咸鲜	30	
5	卫生打扫干净、工具摆放整齐	10	

任务2　煨类湘菜烹调

任务导读

一、定义

煨是将经过初步熟处理后的原料放入陶制器皿内，加入调味品和适量汤水，旺火烧沸后撇去浮沫，加盖转微火长时间加热至原料软糯酥烂且汤汁浓稠的一种烹调方法。

二、工艺流程

选料 → 原料初加工 → 刀工成形 → 初步熟处理 → 加入汤汁或清水 ↓ 装盘成菜 ← 旺火烧开转微火煨至软糯酥烂 ← 调味

三、技术关键

1. 煨菜多选用结缔组织较多、蛋白质和脂肪含量丰富的、适于长时间加热的动物性原料，如蹄筋、肘子等。

2. 原料大多要进行初步熟处理，根据成菜质量要求和原料性质可采用炸、煎、煮、焯水等；初熟时不上浆、不挂糊，不需要调味品腌制。

3. 烹制时要一次性加足汤汁，旺火烧沸后撇去浮沫，根据原料质地和菜品要求选择加热时间，且加盖要严。

4. 煨制时需在陶制器皿内放入竹箅子，防止原料煳底。

四、成品特点

软糯酥烂，口味醇厚，汤汁浓稠。

任务目标

1. 了解煨的定义、工艺流程、成品特点和代表菜品。
2. 熟悉烹调方法煨的原料选择要求、初加工方法和技术关键。
3. 掌握常见煨类湘菜的制作方法。

实训 1 肉汁煨老豆腐

一、原料配备

主料： 老豆腐500g。

配料： 五花肉500g。

调料： 色拉油75g，盐5g，味精3g，酱油10g，姜20g，葱10g，蚝油5g，香油5g。

二、操作流程

1. 将葱、姜、五花肉分别洗净待用。

2. 将五花肉切大块，老豆腐切块待用。葱一半打结，一半切段。姜一半切片，一半切末待用。

3. 将老豆腐焯水，去除豆腥味待用。五花肉放入高压锅内，放入姜片、葱结和适量清水压至肉软烂、汤汁肉香浓郁，将肉汤倒出待用。

4. 将净锅置旺火上，倒入色拉油烧至五成热，下入姜末炝锅，放入豆腐、盐、味精、蚝油、酱油，加入肉汤烧沸后倒入砂锅内，小火煨至豆腐入味后离火。将豆腐连汤汁倒入炒锅，旺火收汁，放入葱段，淋香油，出锅，装盘成菜。

三、成品特点

豆腐软烂，肉香浓郁。

四、操作关键

1. 老豆腐要焯水，去除豆腥味。

2. 五花肉要炖至汤汁肉香浓郁。

3. 煨制时肉汤要一次性加足，避免中途添加。

4. 煨制时间要足，使豆腐软烂入味。

五、评价标准

总得分

项次	项目及技术要求	分值设置	得分
1	器皿清洁干净、个人卫生达标	10	
2	豆腐焯水无豆腥味	20	
3	色泽酱红、汤汁浓稠	30	
4	质感软烂、肉香浓郁	30	
5	卫生打扫干净、工具摆放整齐	10	

实训2

香菇煨鸡块

一、原料配备

主料: 仔鸡1只(重约1000g)。

配料: 干香菇30g,干辣椒20g。

调料: 色拉油75g,盐5g,味精2g,酱油10g,葱10g,姜20g,料酒10g,香油5g。

二、操作流程

1. 将仔鸡宰杀、去毛、去内脏清洗干净,干香菇洗净泥沙浸泡在清水中,姜、葱洗净待用。

2. 将鸡斩切成3cm见方的块,姜去皮后切骨牌片,香菇去蒂,葱一半打结,一半切段。

3. 将净锅置旺火上,倒入色拉油烧至五成热,下姜片炝锅,下鸡块煸炒,烹入料酒,加入盐、酱油、味精调味,加入清水大火烧开后,撇去浮沫,倒入垫有竹箅子的砂锅内,放入香菇、干辣椒,转小火煨约45min,至鸡肉酥烂,离火。

4. 将鸡块、香菇和原汁一并倒入炒锅中拣去姜片,旺火收汁,放入葱段,淋入香油,出锅,装盘成菜。

三、成品特点

色泽红亮,鸡肉酥香,咸鲜醇厚。

四、操作关键

1. 香菇清洗干净,无泥沙,鸡肉斩切成块大小均匀。

2. 煨制时汤水要一次性加足,避免中途添加。

3. 煨制时要注意火候,要防止水分蒸发过快,以沸而不腾为宜。

五、评价标准

总得分

项次	项目及技术要求	分值设置	得分
1	器皿清洁干净、个人卫生达标	10	
2	鸡肉改刀成块大小均匀	20	
3	成菜色泽红亮	30	
4	鸡肉酥香、咸鲜醇厚	30	
5	卫生打扫干净、工具摆放整齐	10	

实训3 红煨猪脚

一、原料配备

主料：猪脚800g。

调料：色拉油75g，盐5g，味精2g，白糖30g，酱油10g，干辣椒20g，八角5g，桂皮5g，葱10g，姜30g，料酒20g，胡椒粉2g。

二、操作流程

1. 将猪脚燎毛，用温水浸泡5~10min后，刮洗干净；姜去皮后与葱一起清洗干净待用。
2. 将猪脚从中间劈开，再砍成6cm长的块；葱一半打结，一半切段，姜切大片待用。
3. 将猪脚放入冷水锅中，放料酒、葱结、姜片，大火烧开焯水，捞出沥水后用清水洗净待用。
4. 将净锅置旺火上，倒入色拉油烧至五成热，下白糖炒出糖色后将猪脚下入锅内迅速翻炒，加入清水，下入八角、桂皮、姜片、葱结、干辣椒、酱油、盐和味精，大火烧开后撇去浮沫，倒入垫有竹箅子的砂锅中，移至小火上煨至猪脚软烂为止，离火。去掉葱结、姜片、干辣椒、八角、桂皮后倒入炒锅，旺火烧开收浓汤汁，放入葱段、胡椒粉，出锅，装盘成菜。

三、成品特点

色泽红亮，肉质软烂有胶质，口味鲜辣。

四、操作关键

1. 猪脚燎毛后，其表面的焦煳色一定要刮洗干净。
2. 猪脚斩块均匀，大小一致。
3. 焯水用水量要宽，火力要大，以便去除猪脚的异味和血污。
4. 煨制时汤水要一次加足，避免中途添加。
5. 煨制时火力要小，保持液面沸而不腾，煨制时间要足。

五、评价标准

总得分

项次	项目及技术要求	分值设置	得分
1	器皿清洁干净、个人卫生达标	10	
2	猪脚刮洗干净无余毛残留	20	
3	成菜色泽红亮、汁稠明亮	30	
4	肉软烂有胶质感、口味鲜辣	30	
5	卫生打扫干净、工具摆放整齐	10	

实训 4 红煨肘子

一、原料配备

主料：猪前肘子1只（重约1000g）。

配料：上海青20棵。

调料：色拉油75g，盐5g，味精2g，酱油10g，干辣椒20g，熟芝麻20g，冰糖30g，白糖15g，葱10g，姜20g，料酒10g，香油10g。

二、操作流程

1. 将猪肘燎毛，放入温水内浸泡约10min，用刀反复刮洗干净；姜、葱、上海青洗净待用。

2. 将姜拍松，葱打结，上海青取心待用。

3. 将猪肘入冷水锅煮10~15min，捞出凉凉；菜心焯水待用。

4. 将净锅置旺火上，倒入色拉油烧至五成热，放入白糖炒出糖色后倒入清水烧沸，倒入垫有竹箅子的砂锅内，加入料酒、酱油、冰糖、盐、味精、干辣椒，将猪肘皮朝下放入，葱结、姜块放在肉上，上旺火烧开后，移至小火上加盖煨约1h，至猪肘六至七成酥烂，离火。

5. 去掉葱结、姜块和干辣椒后，将猪肘取出，皮朝下装入扣碗内，加入原汁，放入蒸柜旺火足汽蒸约2h，至猪肘酥烂，取出

扣在盘内，原汁滗入炒锅内，收浓汤汁后淋入香油，之后把汁浇淋在肘子上，撒上熟芝麻，菜心围边装盘成菜。

三、成品特点

色泽棕红，卤汁浓稠明亮，咸鲜酥烂，肥而不腻。

四、操作关键

1. 猪肘的大小要适宜，燎毛、刮洗要干净。

2. 菜心焯熟即可，保持其色泽碧绿。

3. 糖色的颜色深浅要把握好，水量以淹没猪肘为度，冰糖的用量以略有回甜为好。

4. 加热要足时，使肘子酥烂。

五、评价标准

总得分

项次	项目及技术要求	分值设置	得分
1	器皿清洁干净、个人卫生达标	10	
2	猪肘燎毛刮洗干净无余毛	20	
3	成菜色泽棕红、汁稠明亮	30	
4	咸鲜酥烂、肥而不腻	30	
5	卫生打扫干净、工具摆放整齐	10	

实训 5 红煨方肉

一、原料配备

主料： 带皮猪五花肉800g。

调料： 盐5g，葱25g，姜25g，料酒25g，冰糖25g，白糖30g，香菜50g，酱油25g。

二、操作流程

1. 将带皮猪五花肉燎毛，放入温水内浸泡约10min，用刀反复刮洗干净，姜、葱、香菜分别洗干净待用。

2. 将五花肉入冷水锅，放入料酒，上火焯水，留原汤待用。

3. 将姜拍松，葱打结待用。

4. 将炒锅置火上，放入白糖炒出糖色，倒入垫有竹箅子的砂锅内，倒入原汤，加入料酒、酱油、冰糖、盐，将五花肉皮朝下放入，葱结、姜块放在肉上，压盖一瓷盘，上旺火烧开后，移至小火上煨约1h，至五花肉六至七成酥烂，离火。去掉葱结、姜块后，将五花肉取出，稍凉后，在肉皮一面剞回字花刀，在瘦肉一面剞2.5cm见方的棋盘花刀，皮朝下装入扣碗内，原汁也倒入扣碗内，放入蒸柜旺火足汽蒸约1h，至五花肉酥烂，取出。取圆盘，盖在扣碗上，将原汁滗入炒锅内，翻转圆盘，拿掉扣碗，炒锅上火收浓汤汁后浇在五花肉上，点缀香菜，即可。

三、成品特点

色泽棕红，卤汁浓稠明亮，鲜香软烂，咸甜适口，肥而不腻。

四、操作关键

1. 五花肉燎毛后要刮洗干净。

2. 糖色的深浅要把握好，避免发黑、发苦。

3. 剞刀时要注意深度，两面的花刀不能重合。

4. 煨制时汤水要一次加足，避免中途添加。

5. 煨制时注意火力和时间，五花肉酥烂即可。

五、评价标准

总得分

项次	项目及技术要求	分值设置	得分
1	器皿清洁干净、个人卫生达标	10	
2	肉皮洁净无余毛	20	
3	色泽棕红、肉质软烂	30	
4	鲜香软烂、咸甜适口、肥而不腻	30	
5	卫生打扫干净、工具摆放整齐	10	

红煨牛腩

一、原料配备

主料： 牛腩700g。

配料： 尖红椒20g。

调料： 色拉油75g，盐5g，味精2g，酱油10g，干辣椒20g，八角5g，桂皮5g，蒜子30g，葱10g，姜4g，料酒20g，白糖5g，豆瓣酱20g，香油5g。

二、操作流程

1. 将葱、姜、蒜子分别清洗干净，牛腩清洗干净待用。
2. 牛腩放入冷水锅中，焯水后洗净，再放入冷水锅中煮至断生，蒜子炸至金黄色捞出待用。
3. 将煮熟的牛腩切块，豆瓣酱剁碎，葱一半打结，一半切段，姜切片待用，尖红椒切段待用。
4. 将净锅置旺火上，倒入色拉油烧至五成热，下豆瓣酱炒出香味，倒入牛腩煸炒，加酱油、盐、料酒、白糖、味精合炒，再加入清水、蒜子、葱结、姜片、八角、桂皮、干辣椒烧开撇去浮沫，倒入垫有箅子的砂锅中，转小火上煨至牛腩酥烂，离火。拣去葱结、姜片、八角和桂皮，倒入炒锅，放入尖红椒段，旺火收汁，放入葱段，淋香油，装盘即可。

三、成品特点

色泽红亮，软糯味透，酥烂香辣。

四、操作关键

1. 牛腩焯水时水量要宽，火力要大，以便去除异味和血污。
2. 注意牛腩的纹路走向，垂直于纹路切大小均匀的块。
3. 煨制时火力要小，保持汤汁沸而不腾，注意观察汤水的变化，防止煳底。

五、评价标准

总得分

项次	项目及技术要求	分值设置	得分
1	器皿清洁干净、个人卫生达标	10	
2	牛腩切块大小均匀、焯水后无异味和血污	20	
3	火候控制恰当、牛腩软糯味透	30	
4	色泽红亮、香辣适口	30	
5	卫生打扫干净、工具摆放整齐	10	

实训 7

红煨羊蹄

一、原料配备

主料： 羊蹄1500g。

配料： 大蒜40g。

调料： 色拉油75g，盐5g，味精2g，酱油10g，干辣椒20g，八角5g，桂皮5g，葱10g，姜20g，料酒10g，胡椒粉2g。

二、操作流程

1. 先用刀背砸掉羊蹄的蹄壳，然后燎毛，在冷水中刮洗干净；葱、姜、大蒜分别洗净待用。
2. 将羊蹄砍成3cm见方的块，大蒜切5cm长的段，姜切片，葱打结。
3. 将羊蹄冷水下锅，焯水，去除异味和血污。
4. 将净锅置旺火上，倒入色拉油烧至五成热，下入八角、桂皮、姜片炝锅，下羊蹄稍煸炒，烹入料酒，加入清水、干辣椒、葱结、酱油、盐、味精，大火烧开后撇去浮沫。倒入垫有箅子的砂锅中，移至小火上煨至完全软烂为止（约2h），离火。拣去葱结、姜片、干辣椒、八角、桂皮。将羊蹄连同原汁倒入锅中，旺火收汁，放入大蒜、胡椒粉，翻炒均匀，出锅，装盘成菜。

三、成品特点

色泽红亮，肉质软烂有胶质，咸鲜香辣。

四、操作关键

1. 羊蹄壳去净，燎毛后刮洗干净。
2. 焯水时水量要足，以便去除异味和血污。
3. 煨制时汤水要一次性加足，避免中途添加汤水。
4. 加热要足时，使羊蹄软烂。

五、评价标准

总得分

项次	项目及技术要求	分值设置	得分
1	器皿清洁干净、个人卫生达标	10	
2	羊蹄燎毛刮洗干净	20	
3	成菜色泽红亮、汁稠明亮	30	
4	咸鲜软烂有胶质感	30	
5	卫生打扫干净、工具摆放整齐	10	

实训 8

蒜子煨猪尾

一、原料配备

主料：净猪尾750g。

配料：蒜子100g，尖红椒50g。

调料：色拉油75g，盐5g，味精4g，酱油3g，蚝油8g，料酒5g，八角5g，桂皮5g，姜20g，葱15g，干辣椒10g，香油2g。

二、操作流程

1. 将猪尾除净杂毛，刮洗干净，尖红椒去蒂后与葱、姜、蒜子分别清洗干净待用。

2. 将洗净后的猪尾剁成2cm长的段，姜切大片，葱一半打结，一半切段，尖红椒切段。

3. 将猪尾放入冷水锅内，加入料酒，焯水去除腥味后捞出，蒜子入五成热油锅内炸至金黄，倒入漏勺沥油待用。

4. 将净锅置旺火上，倒入色拉油烧至五成热，下入姜片炝锅，下猪尾煸炒，调入蚝油、酱油，待猪尾色泽酱红时加入清水、葱结、干辣椒，旺火烧开后撇去浮沫，加入盐和味精倒入垫有竹箅子的砂锅内，加入八角和桂皮，煨制约1.5h，待色泽红亮、猪尾软烂时倒回锅中，夹去八角、桂皮、干辣椒、葱、姜，再放蒜子，旺火收浓汤汁，撒葱段，淋香油，出锅，装盘成菜。

三、成品特点

色泽红亮，肉质软糯，滋味鲜香，蒜香浓郁。

四、操作关键

1. 猪尾要刮洗干净，无残余杂毛。

2. 猪尾改刀成长短一致的段。

3. 猪尾焯水时水量要足，以便去除腥味和血污。

4. 煨制时汤水要一次性加足，避免中途添加汤水。

5. 煨制时要注意火候，以猪尾软烂为宜。

五、评价标准

项次	项目及技术要求	分值设置	得分
		总得分	
1	器皿清洁干净、个人卫生达标	10	
2	猪尾长短一致	20	
3	色泽红亮	30	
4	肉质软糯、滋味鲜香、蒜香浓郁	30	
5	卫生打扫干净、工具摆放整齐	10	

实训 9　红煨八宝鸭

一、原料配备

主料：鸭子1只（重约1700g）。

配料：猪肥膘100g，熟火腿50g，金钩25g，香菇50g，净冬笋50g，白莲子50g，糯米100g，青豆20g。

调料：猪油50g，料酒50g，酱油50g，白糖15g，味精2g，胡椒粉1g，香油15g，盐5g，葱15g，姜15g，湿淀粉25g，甜酒汁25g。

二、操作流程

1. 将鸭宰杀去净毛，划破颈皮，斩断颈骨，拉出颈骨在靠近鸭头处将其斩断；从颈部刀口用手将皮翻开，连皮带肉用刀缓缓向下翻剥，使鸭翅骨与鸭身分离，取出前翅骨，用刀小心剥离背部的皮，剥离皮与骨，剥至腿部时，双手各执一鸭腿，并用拇指扳着剥下的皮肉，将腿向后背部慢慢扳开，露出腿关节，用刀将连接关节的筋割断，使后肢骨与鸭身脱离，再继续向下翻剥，直至肛门，割断尾椎骨，取出鸭身骨；将大腿骨皮肉向下翻至关节外露，斩断筋络，继续向下翻剥，至接近小腿关节处斩断。鸭的骨骼去净后将鸭皮向外，保持其原有外形。

2. 将鸭肉切成小指头一样大小的丁，香菇去蒂洗净与肥膘肉、冬笋、火腿都切成丁，葱洗净切成段，金钩泡发，白莲子、糯米清洗浸泡待用。

3. 将浸泡好的糯米、莲子放入蒸柜蒸制成熟；去骨后的鸭皮焯水后洗净待用；青豆、冬笋焯水后捞出待用。

4. 将猪油烧至五成热时，下鸭肉丁和肥膘肉、冬笋、金钩、火腿、香菇煸炒出香味，烹料酒，加入适量的酱油和盐炒一下，离火后再加入白莲子、糯米和胡椒粉拌匀成馅，灌入鸭腹内，在开口处用牙签缝好后抹干水分，摸上甜酒汁，下入油锅炸至呈浅红色。放入垫有竹箅子的砂锅内，放入水以没过鸭为准，再放入酱油、料酒、味精、糖和拍破的葱、姜，盖上盖，在旺火上烧开，撇去浮沫，转小火煨2h左右至皮酥肉烂。去除鸭肉摆入盘中，将煨鸭原汁倒入炒锅，旺火收汁，放胡椒粉、葱段调味后用湿淀粉勾芡，淋入香油，浇在鸭身上即可。

三、成品特点

色泽美观，形态完整，鸭肉酥香，浓鲜味美。

四、操作关键

1. 整鸭去骨操作恰当，保持鸭皮不破。
2. 馅心调制准确，口味恰当。
3. 炸制时，开口要收紧，戳破鸭眼，防止破皮露馅。
4. 煨制时间要足，至鸭肉酥烂。

五、评价标准

总得分

项次	项目及技术要求	分值设置	得分
1	器皿清洁干净、个人卫生达标	10	
2	形态完整、鸭皮不破	20	
3	色泽红亮	30	
4	鸭肉酥烂、馅心软糯	30	
5	卫生打扫干净、工具摆放整齐	10	

思考题

1. 烹调方法炖的操作关键有哪些？
2. 想一想煨类菜肴的特点有哪些？
3. 想一想烹调方法煨和炖有什么区别和联系？
4. 在制作墨鱼炖肚条时有什么需要注意的地方？

项目四

煮、汆、烩类湘菜烹调

项目导读

煮、汆、烩在湘菜中都是以水为传热介质的烹调方法。本项目中讲述了煮、汆、烩烹调方法的定义、工艺流程、操作关键、成品特点。三种烹调方法有一定的共性，又有一定的区别。煮在湘菜热菜烹调中用途最广泛，制汤要用它，初步处理要用它，冷菜的"酱""卤"也是煮的方法。相比煮的烹调方法，汆在湘菜中对原料、汤都有较高的要求，原料选择和刀工处理是关键，因加热时间较短，原料需剞花刀处理。烩是将经刀工处理的鲜嫩小型原料，经初步熟处理后入锅，加入多量汤水及调味品烧沸，勾芡成羹的一种烹调技法。

实训任务

任务	任务编号	任务内容
	实训1	芋头煮萝卜菜
	实训2	皮蛋煮苋菜
	实训3	萝卜丝煮荷包蛋
	实训4	萝卜丝煮鲫鱼
	实训5	水煮活鱼
	实训6	鱼头煮鱼丸
任务1　煮类湘菜烹调	实训7	酸汤牛蛙
	实训8	红薯叶煮杂鱼
	实训9	番茄煮鳜鱼
	实训10	水煮肉片
	实训11	酸菜鱼
	实训12	水煮牛肉
	实训13	新化三合汤

续表

任务	任务编号	任务内容
任务2　余类湘菜烹调	实训1	榨菜肉丝汤
	实训2	老姜肉片汤
	实训3	汤泡肚
	实训4	玻璃鱼片汤
	实训5	清汤双色鱼丸
	实训6	清汤鸡球
任务3　烩类湘菜烹调	实训1	干贝烩丝瓜
	实训2	虾仁烩干丝
	实训3	全家福

实训方法

任务1　煮类湘菜烹调

任务导读

一、定义

煮是将经过刀工处理的鲜嫩生料或半成熟原料放入足量汤水中，旺火烧开转中小火加热成熟的一种烹调方法。

二、工艺流程

三、技术关键

1. 煮类菜肴一般应选取新鲜质嫩、少腥膻气味的动植性原料。

2. 煮类菜肴可根据菜肴选择加汤或清水，一般用量较大，且要求一次性加足，避免中途加入。

3. 煮类原料一般要经过初步熟处理（煎、炸等）。

4. 煮类菜肴根据原料的特点决定火候大小和加热时间。

5. 煮类菜肴要求汤菜合一，汤汁大于烩菜，要保证汤汁鲜醇，同时尽量保持食材的完整。

四、成品特点

汤宽汁浓，汤菜合一，口味清鲜，质地软嫩。

任务目标

1. 了解煮的定义、工艺流程、成品特点和代表菜品。
2. 熟悉烹调方法煮的原料选择要求、初加工方法和技术关键。
3. 掌握常见煮类湘菜的制作方法。

实训 1
芋头煮萝卜菜

一、原料配备

主料： 芋头300g。

配料： 萝卜菜250g。

调料： 猪油75g，盐3g，味精2g。

二、操作流程

1. 将芋头去皮，与萝卜菜清洗干净。

2. 将芋头切成0.2cm厚的片，萝卜菜切碎。

3. 将净锅置旺火上，倒入猪油，烧至六成热，下芋头片翻炒，加入适量水烧开，放盐、味精调味，煮至芋头成糊状，下入萝卜菜一起煮熟，出锅，装盘成菜。

三、成品特点

汤汁浓稠，口味咸鲜。

四、操作关键

1. 芋头皮要去除干净。

2. 加水要适量，以没过芋头为宜。

3. 调味准确，咸鲜适口。

五、评价标准

总得分

项次	项目及技术要求	分值设置	得分
1	器皿清洁干净、个人卫生达标	10	
2	芋头煮成糊状、萝卜菜碧绿	30	
3	汤汁浓稠	20	
4	口味咸鲜	30	
5	卫生打扫干净、工具摆放整齐	10	

实训 2 皮蛋煮苋菜

一、原料配备

主料：苋菜500g。

配料：皮蛋2个。

调料：猪油50g，盐5g，味精2g，蒜子10g。

二、操作流程

1. 将皮蛋剥去外壳，苋菜、蒜子分别清洗干净。

2. 将蒜子切指甲片，皮蛋切瓣。

3. 将净锅置旺火上，倒入猪油，烧至六成热，下入蒜炒香，放入苋菜炒熟，倒入适量水烧开，下入皮蛋，放盐、味精调味，煮至苋菜软烂，出锅，装盘成菜。

三、成品特点

苋菜软烂，汤色彤红，味道咸鲜。

四、操作关键

1. 苋菜要清洗干净，去除泥沙。

2. 水开后放入皮蛋，大火煮至苋菜软烂。

五、评价标准

总得分

项次	项目及技术要求	分值设置	得分
1	器皿清洁干净、个人卫生达标	10	
2	苋菜软烂	20	
3	汤色彤红、汤菜各半	30	
4	汤汁咸鲜	30	
5	卫生打扫干净、工具摆放整齐	10	

一、原料配备

主料： 白萝卜400g。

配料： 鸡蛋2个。

调料： 色拉油100g，盐3g，味精2g，胡椒粉2g，葱5g。

二、操作流程

1. 将白萝卜去皮洗净，葱清洗干净待用。
2. 将白萝卜切成7cm长、0.2cm粗的丝，葱切成5cm长的段。将净锅置旺火上，倒入色拉油，烧至三成热，加入鸡蛋煎成荷包蛋，盛出备用。
3. 将净锅置旺火上，倒入色拉油，下萝卜丝炒熟，放入鸡蛋，加清水没过萝卜丝，加盖煮至汤色浓白，加盐、味精调味，加入葱段，撒胡椒粉，出锅，装盘成菜。

三、成品特点

汤汁浓白，萝卜丝软烂，鲜香味浓。

四、操作关键

1. 鸡蛋煎至两面金黄，不要煎煳或夹生。
2. 萝卜丝需切至粗细均匀，长短一致。
3. 大火加盖煮至萝卜丝软烂。

五、评价标准

总得分

项次	项目及技术要求	分值设置	得分
1	器皿清洁干净、个人卫生达标	10	
2	萝卜丝粗细均匀、长短一致	30	
3	汤色浓白、萝卜丝晶莹透亮	30	
4	汤汁鲜香味浓、味道咸鲜	20	
5	卫生打扫干净、工具摆放整齐	10	

实训4
萝卜丝煮鲫鱼

一、原料配备

主料： 鲫鱼1条（重约1000g）。

配料： 白萝卜250g。

调料： 猪油70g，盐5g，味精3g，葱5g，姜15g，胡椒粉2g。

二、操作流程

1. 将鲫鱼宰杀后去鳞、鳃，剖腹去内脏，背部剞一字花刀，清洗干净，沥水。白萝卜去皮，与葱、姜一起清洗干净。

2. 将白萝卜切成7cm长、0.2cm粗的丝，姜去皮切丝，葱切成4cm长的段。

3. 将净锅置旺火上，滑锅后倒入猪油，烧至六成热，下鲫鱼煎至两面金黄色，下姜丝煸香。加入清水没过鲫鱼，放白萝卜丝，加盐、味精调味，加盖大火煮至汤色浓白，撒入葱段、胡椒粉，出锅，装盘成菜。

三、成品特点

汤体浓白，鱼肉细嫩，萝卜丝晶莹透亮，鲜香味浓。

四、操作关键

1. 鱼宰杀处理干净。

2. 萝卜丝粗细均匀，长短一致，鱼肉剞刀准确，深度适中。

3. 旺火速成，鱼肉细嫩。

五、评价标准

总得分

项次	项目及技术要求	分值设置	得分
1	器皿清洁干净、个人卫生达标	10	
2	萝卜丝粗细均匀、长短一致	20	
3	汤体浓白、鲜香味浓	30	
4	鱼肉细嫩、萝卜丝晶莹透亮	30	
5	卫生打扫干净、工具摆放整齐	10	

一、原料配备

主料： 鳙鱼1条（重约1000g）。

配料： 小米辣100g。

调料： 菜籽油100g，盐5g，味精2g，胡椒粉3g，葱20g，姜20g，料酒20g，紫苏叶10g。

二、操作流程

1. 将鳙鱼背开，去鳞、去鳃、去除内脏，清洗干净沥水待用，小米辣清洗干净，去蒂，葱、姜、紫苏叶分别清洗干净，将葱、姜、料酒制成葱姜料酒汁待用。

2. 在鳙鱼两侧斜剞一字花刀，在鱼两面均匀抹上盐和葱姜酒汁，腌制10min，葱切花，姜、小米辣、紫苏叶切碎。

3. 将净锅置旺火上，放入菜籽油烧至六成热，将鱼下锅煎至两面金黄，加入姜煸香，加清水没过鱼肉，加盐、味精调味，然后加盖大火烧开，煮至汤成奶白色。加入小米辣、胡椒粉，下入鲜紫苏叶，煮至断生，撒上葱花出锅装盘。

三、成品特点

色泽鲜艳，汤体浓白，鲜香微辣，肉质滑嫩。

四、操作关键

1. 刀工操作姿势规范，鱼宰杀处理干净。

2. 火候控制得当，避免肉质散烂。

3. 大火加盖煮制，汤成奶白色。

4. 调味准确，咸鲜适口。

五、评价标准

总得分

项次	项目及技术要求	分值设置	得分
1	器皿清洁干净、个人卫生达标	10	
2	鳙鱼宰杀干净、无鳞鳃、内脏残留	20	
3	烹制时鱼表皮完整不破	30	
4	味道咸鲜香辣、色泽浓白、鱼肉滑嫩	30	
5	卫生打扫干净、工具摆放整齐	10	

实训 6

鱼头煮鱼丸

一、原料配备

主料： 鳙鱼头1条（重约1500g）。

配料： 尖红椒20g。

调料： 色拉油70g，盐3g，味精2g，葱5g，姜5g，胡椒粉3g。

二、操作流程

1. 将鳙鱼宰杀去鳃、去内脏，清洗干净，尖红椒去蒂，与葱、姜一起清洗干净。

2. 将鱼分档取料，将鱼肉刮下，碾成泥状，加入盐摔打成胶，挤成直径2cm的丸子，放入温水中
   氽至定型。鱼骨、鱼头砍块，尖红椒切碎，葱切段，姜切菱形片。

3. 将净锅置旺火上，滑锅后倒入色拉油烧至六成热，下入姜片爆香，将鱼块煎至两面金黄色，加
   入清水没过鱼身，旺火烧开，煮至浓白，加盐、味精调味，下鱼丸、尖红椒，煮至成熟，加葱
   段，撒胡椒粉，出锅，装盘成菜。

三、成品特点

汤体浓白，口味咸鲜，鱼丸富有弹性。

四、操作关键

1. 刮取鱼肉，去净细刺，摔打成胶。

2. 煎鱼头时油温保持在六成热，煎至金黄。

3. 鱼汤旺火煮沸，汤体浓白。

五、评价标准

总得分

项次	项目及技术要求	分值设置	得分
1	器皿清洁干净、个人卫生达标	10	
2	鱼丸大小一致	20	
3	鱼丸富有弹性	30	
4	汤体浓白、口味咸鲜	30	
5	卫生打扫干净、工具摆放整齐	10	

实训7 酸汤牛蛙

一、原料配备

主料： 牛蛙350g。

配料： 金针菇100g，莴笋100g，酸菜50g。

调料： 色拉油1000g（实耗75g），盐3g，味精2g，料酒30g，花椒油25g，蒜子10g，姜5g，泡椒20g，胡椒粉2g。

二、操作流程

1. 将牛蛙宰杀，去皮，清洗干净，酸菜、泡椒、姜、蒜子清洗干净，金针菇去根部洗净。
2. 将牛蛙斩成2cm大小的块，酸菜切成小段，姜切片，蒜子切碎，泡椒切段，莴笋切条。
3. 将牛蛙置入碗中，加姜片、料酒、胡椒粉腌制入味。将净锅置旺火上，倒入油烧至六成热，将牛蛙炸至成熟，装盘备用。
4. 将净锅置旺火上，倒入色拉油，加入姜、蒜子炒香，再放入酸菜和泡椒，炒香后加水没过酸菜，加盐、味精、胡椒粉调味，依次放入莴笋、金针菇，大火煮沸转中火煮2min，下入牛蛙合煮至熟，淋入花椒油，出锅，装盘成菜。

三、成品特点

酸辣可口，肉嫩汤醇。

四、操作关键

1. 牛蛙宰杀清洗干净，剁成大小一致的块。
2. 炸制蛙肉的油温不宜过高，要保持蛙肉鲜嫩。
3. 调味准确适时，咸鲜酸辣。

五、评价标准

总得分

项次	项目及技术要求	分值设置	得分
1	器皿清洁干净、个人卫生达标	10	
2	牛蛙大小一致	20	
3	酸辣可口、汤鲜味美	30	
4	蛙肉鲜嫩、不碎不散	30	
5	卫生打扫干净、工具摆放整齐	10	

实训 8 红薯叶煮杂鱼

一、原料配备

主料： 鳜鱼仔200g，刀子鱼100g，陀嫩鱼100g。

配料： 干红薯叶200g，尖红椒10g。

调料： 菜籽油80g，盐3g，味精3g，姜10g，葱10g。

二、操作流程

1. 将尖红椒去蒂，与葱、姜一起清洗干净，杂鱼去内脏，清洗干净，加盐腌制，干红薯叶洗净挤干水分。

2. 将葱切段，尖红椒切碎，姜切丝。

3. 将净锅置旺火上，倒入菜籽油，烧至六成热，下姜丝爆香，下入杂鱼，煎至两面金黄，加水没过鱼身，旺火烧开，加入盐、味精调味，下入红薯叶、尖红椒，旺火煮开，撒上葱段，出锅，装盘成菜。

三、成品特点

鱼肉软嫩，汤汁醇厚，红薯叶香味突出，口感丰富。

四、操作关键

1. 鱼宰杀处理干净，干红薯叶清洗掉表面泥沙。

2. 杂鱼要用旺火快速煎制，杂鱼煎至两面金黄即可。

3. 加入红薯叶后旺火煮至断生即可出锅装盘。

五、评价标准

项次	项目及技术要求	分值设置	得分
1	器皿清洁干净、个人卫生达标	10	
2	汤汁醇厚、红薯叶香味突出	30	
3	鱼肉软嫩、口感丰富	30	
4	杂鱼形态完整	20	
5	卫生打扫干净、工具摆放整齐	10	

总得分

实训9
番茄煮鳜鱼

一、原料配备

主料： 鳜鱼1条（重约500g）。

配料： 番茄200g。

调料： 色拉油70g，盐3g，味精2g，姜20g，葱10g。

二、操作流程

1. 将鳜鱼去鳞、去鳃、去内脏、去鱼鳍，葱、姜、番茄分别清洗干净。

2. 将鳜鱼剞一字花刀。番茄放入沸水中烫去表皮切成丁状。姜切片，葱切成葱花。

3. 将净锅置旺火上，滑锅后倒入色拉油，烧至六成热，放入姜片爆香，放入鳜鱼煎至表皮金黄，盛出备用。锅底留油，放入番茄，翻炒出汁，放入鳜鱼，加水没过鱼身，加入盐、味精调味，煮至成熟，盛入汤盆后，撒葱花成菜。

三、成品特点

味道咸酸，汤色红亮，鱼肉细嫩，番茄软烂。

四、操作关键

1. 鱼宰杀处理干净。

2. 煎鳜鱼油温保持在六成热，煎至金黄。

3. 旺火煮沸至汤汁浓稠。

五、评价标准

总得分

项次	项目及技术要求	分值设置	得分
1	器皿清洁干净、个人卫生达标	10	
2	汤色红亮	20	
3	味道咸酸	30	
4	鱼肉细嫩、番茄软烂	30	
5	卫生打扫干净、工具摆放整齐	10	

实训 10 水煮肉片

一、原料配备

主料： 猪前腿肉250g。

配料： 莴笋叶100g，黄豆芽100g。

调料： 色拉油75g，盐3g，味精2g，豆瓣酱30g，蒜子15g，姜15g，葱20g，水淀粉20g，干辣椒20g，花椒5g，酱油5g。

二、操作流程

1. 将猪前腿肉洗净沥干水分，莴笋叶、蒜子、黄豆芽、葱分别清洗干净。

2. 将猪前腿肉切成0.2cm厚的片，加入盐、水淀粉腌制上浆，加入冷油。莴笋叶切成8cm左右长的段，葱切成葱花，姜、蒜子切末，干辣椒切成2cm长的段，豆瓣酱、花椒剁碎。

3. 将净锅置旺火上，倒入色拉油烧至六成热，加入黄豆芽炒至成熟，加盐、味精调味，盛出打底。将莴笋叶焯水，打底。

4. 将净锅置旺火上，倒入色拉油，下入豆瓣酱炒香，加入适量水烧开，加入盐、味精、酱油调色调味，下肉片氽至断生，捞出盖在豆芽上，在原汤中加入水淀粉勾芡倒入碗中。将干辣椒段、花椒末、蒜末盖在肉片上，锅中加入油烧至七成热淋在上面，撒葱花即可成菜。

三、成品特点

色泽红亮，肉片滑嫩鲜香，口味麻辣。

四、操作关键

1. 刀工精细、肉片、莴笋片要厚薄均匀。

2. 肉片氽至断生即可，保持肉片滑嫩口感。

3. 调味要适时准确，特别要注意放盐的量，豆瓣酱含盐量较高，避免过咸。

五、评价标准

总得分

项次	项目及技术要求	分值设置	得分
1	器皿清洁干净、个人卫生达标	10	
2	肉片厚薄均匀、大小一致	30	
3	汤汁色泽红亮	30	
4	肉片滑嫩鲜香、口味麻辣	20	
5	卫生打扫干净、工具摆放整齐	10	

一、原料配备

主料：草鱼1条（重约1000g）。

配料：酸菜250g，鸡蛋1个。

调料：色拉油60g，盐4g，味精3g，葱30g，姜15g，蒜子20g，花椒10g，泡辣椒20g，胡椒粉5g，干辣椒20g，水淀粉40g，料酒10g。

二、操作流程

1. 将草鱼宰杀去鳞、去鳃、去除内脏，清洗干净。姜、葱、蒜去皮洗净，酸菜洗净，挤干水分。

2. 将鱼分档取料，取净肉，鱼骨、鱼头砍块，鱼肉斜刀切成0.3cm厚的片，酸菜切小块，姜切片，花椒切碎，葱切成葱花，干辣椒切段。将鱼片放入碗中，放盐、蛋清、水淀粉抓拌均匀上浆。鱼骨加盐、葱、姜、料酒腌制入味。

3. 将净锅置旺火上，倒入色拉油烧至六成热，将鱼头、鱼骨下锅煎至两面金黄，旺火加热，加入盐、味精、料酒炖至鱼汤色奶白，捞出鱼头、鱼骨倒入碗中，鱼汤盛出备用。

4. 将净锅置旺火上，倒入色拉油，烧至四成热，加入泡辣椒、酸菜炒出香味，加入鱼汤，旺火烧开，撇去浮沫，加入上好浆的鱼片，余熟，倒入碗中，加入葱花、姜末、蒜末、胡椒粉、干辣椒段、花椒，淋入热油，装盘成菜。

三、成品特点

鱼肉滑嫩，汤鲜味浓，咸鲜酸辣。

四、操作关键

1. 鱼宰杀处理干净，鱼片厚薄一致。

2. 浮沫要撇净，鱼片下锅后出锅要及时，防止鱼肉断碎。

3. 酸菜置于碗底，鱼片均匀摆放。

五、评价标准

项次	项目及技术要求	分值设置	得分
		总得分	
1	器皿清洁干净、个人卫生达标	10	
2	鱼片厚薄均匀、大小一致	20	
3	鱼汤酸辣适口	30	
4	鱼肉滑嫩、形态完整	30	
5	卫生打扫干净、工具摆放整齐	10	

实训 12 水煮牛肉

一、原料配备

主料： 牛里脊肉200g。

配料： 莴笋叶100g，黄豆芽100g。

调料： 色拉油75g，盐5g，味精3g，花椒3g，葱15g，干辣椒30g，酱油5g，水淀粉20g，蒜15g，姜15g，豆瓣酱30g。

二、操作流程

1. 将干辣椒去籽，莴笋叶、葱、黄豆芽分别清洗干净，牛里脊洗净，沥干水分。

2. 将牛里脊逆着纹路切成4cm长，3cm宽，0.2cm厚的片，莴笋叶切成8cm左右长的段，牛肉片加盐、水淀粉上浆入味。干辣椒切成2cm长的段，葱切成葱花，蒜、姜切末，豆瓣酱、花椒剁碎。

3. 将净锅置旺火上，倒入色拉油烧至六成热，加入黄豆芽、莴笋叶炒至成熟，加盐、味精调味，盛出打底。

4. 将锅洗净，倒入色拉油，下入豆瓣酱炒香，加入适量水烧开，加入盐、味精、酱油调色调味，下牛肉汆至断生，捞出盖在豆芽上。将汤倒入碗中，蒜末、姜末、花椒末、干辣椒段盖在肉片上。锅中倒入色拉油烧至七成热淋在肉片上，撒葱花，成菜。

三、成品特点

色泽红亮，咸鲜麻辣，肉片滑嫩。

四、操作关键

1. 牛里脊逆着纹路切，要厚薄均匀，大小一致。

2. 牛肉放入沸水中汆至断生即可，保持牛肉滑嫩。

3. 控制好火候，油温要烧至七成热，充分激发出香味。

五、评价标准

总得分

项次	项目及技术要求	分值设置	得分
1	器皿清洁干净、个人卫生达标	10	
2	牛肉厚薄均匀、大小一致	30	
3	汤汁色泽红亮	30	
4	牛肉口感滑嫩、麻辣鲜香	20	
5	卫生打扫干净、工具摆放整齐	10	

实训 **13** 新化三合汤

一、原料配备

主料：牛血200g，牛肚200g，牛肉200g。

配料：干辣椒50g。

调料：色拉油50g，盐10g，味精3g，山胡椒油20g，豆瓣酱10g，葱10g，姜5g，酱油5g，淀粉10g，
辣椒粉10g。

二、操作流程

1. 将葱、姜、干辣椒分别清洗干净，牛血、牛肚、牛肉冲洗干净。

2. 将姜切丝，葱切段，干辣椒切碎。牛血、牛肚切成3cm长、2cm宽、0.3cm厚的片，牛肉切块，
加盐、酱油、水淀粉抓匀上浆。

3. 将净锅置旺火上，滑油后下入豆瓣酱、姜丝、辣椒粉煸香，加入适量水，加盐、味精调味，下
入牛肚、牛血煮至成熟，下入牛肉，煮至断生，淋入山胡椒油，撒葱段，出锅，装盘成菜。

三、成品特点

色泽红亮，牛肚爽脆，汤热辣鲜香。

四、操作关键

1. 牛血要用新鲜原料，煮制时不要煮碎。

2. 牛肚、牛肉要切至大小均匀一致。

3. 原料加热要旺火速成，保持牛肚脆嫩，
牛血、牛肉滑嫩。

4. 汤汁风味独特，山胡椒油添加应适量。

五、评价标准

总得分

项次	项目及技术要求	分值设置	得分
1	器皿清洁干净、个人卫生达标	10	
2	汤色红亮、牛血形态完整	20	
3	牛肚脆嫩、牛血、牛肉滑嫩	30	
4	山胡椒油香味突出	30	
5	卫生打扫干净、工具摆放整齐	10	

任务2　汆类湘菜烹调

一、定义

汆是将新鲜、质嫩的原料加工成片、丝、条或制成丸子等形状，投入沸汤中加热至断生，再将汤和熟料一起食用的一种烹调方法。

二、工艺流程

选料 → 原料初加工 → 刀工成形 → 汆制 → 调味 → 装盘成菜

三、技术关键

1. 一般应选取质地鲜嫩、脆爽或小型鲜嫩无骨的原料。
2. 原料形状要求大小一致，剖刀后的原料形状相同，不能有连刀和碎渣。
3. 正确使用火候，保证滑爽脆嫩的口感。
4. 根据菜肴的特色选择汤的种类。
5. 菜肴加热的时间较短，以原料断生为度，操作迅速。

四、成品特点

汤多味鲜，汤汁清澈，滑爽、脆、嫩，口味咸鲜为主。

1. 了解汆的定义、工艺流程、成品特点和代表菜品。
2. 熟悉烹调方法汆的原料选择要求、初加工方法和技术关键。
3. 掌握常见汆类湘菜的制作方法。

实训1

榨菜肉丝汤

一、原料配备

主料： 猪瘦肉200g。

配料： 榨菜150g。

调料： 色拉油50g，盐3g，味精2g，清汤400g，水淀粉20g，葱10g。

二、操作流程

1. 将榨菜清洗干净，沥干水分，猪瘦肉、葱清洗干净。

2. 将猪瘦肉和榨菜分别切成0.4cm粗的丝，葱切成葱花。肉丝加盐、水淀粉抓匀上浆。

3. 将净锅置旺火上，倒入色拉油，烧至六成热，下榨菜煸炒出香味，加入清汤烧开，加入盐、味精调味，大火烧开，加入肉丝拨散，氽至成熟，撒入葱花，出锅，装盘成菜。

三、成品特点

榨菜脆嫩，肉丝软嫩，汤汁咸鲜。

四、操作关键

1. 榨菜丝和肉丝要粗细均匀，长短一致。

2. 榨菜丝要煸炒出香味。

3. 肉丝氽的时间不要过长。

五、评价标准

总得分

项次	项目及技术要求	分值设置	得分
1	器皿清洁干净、个人卫生达标	10	
2	粗细均匀	20	
3	汤汁咸鲜	30	
4	榨菜脆嫩、肉丝软嫩	30	
5	卫生打扫干净、工具摆放整齐	10	

实训 2

老姜肉片汤

一、原料配备

主料：猪里脊肉250g。

配料：老姜200g。

调料：色拉油50g，盐5g，味精2g，葱10g，清汤500g，水淀粉20g。

二、操作流程

1. 将老姜去皮，清洗干净，猪里脊肉去除筋膜，葱清洗干净。
2. 将猪里脊肉切成0.2cm厚的片，加盐、水淀粉抓拌均匀，姜切薄片，葱切成葱花。
3. 将净锅置旺火上，倒入色拉油，烧至六成热，下姜片，炒香，加入清汤，大火烧开，下肉片余熟，加盐、味精调味，撒葱花，出锅，装盘成菜。

三、成品特点

汤汁咸鲜，肉片滑嫩。

四、操作关键

1. 肉片厚薄均匀，大小一致。
2. 肉片余熟即可，保持肉质滑嫩。

五、评价标准

总得分

项次	项目及技术要求	分值设置	得分
1	器皿清洁干净、个人卫生达标	10	
2	姜片厚薄均匀、大小一致	20	
3	肉香浓郁、咸鲜味浓	30	
4	汤汁醇厚、香气馥郁	30	
5	卫生打扫干净、工具摆放整齐	10	

实训 **3**

汤泡肚

一、原料配备

主料: 猪肚尖300g。

配料: 鲜香菇100g,菜心100g。

调料: 盐10g,味精3g,醋50g,料酒25g,葱15g,姜15g,胡椒粉2g,香油20g,食用碱20g。

二、操作流程

1. 将肚尖用盐醋搓洗法去除异味,清洗干净,鲜香菇、菜心清洗干净,姜去皮洗净,葱洗净。

2. 将葱、姜拍碎加料酒制成葱姜料酒汁,猪肚尖先剞鱼鳃形花刀,用食用碱腌约30min,再用清水漂去碱味,沥干水分,加葱姜料酒汁、香油拌匀,鲜香菇切片。

3. 将净锅置旺火上,锅内加水,放入鲜香菇烧开,加盐、味精调味,撇去浮沫,再放入菜心,捞出装入汤碗内,放胡椒粉,放入猪肚尖余至成熟,出锅,装盘成菜。

三、成品特点

肚尖脆嫩,光泽透明,汤清味美,口味咸鲜。

四、操作关键

1. 猪肚花刀纹路清晰完整,不要出现连刀、断刀现象。

2. 猪肚处理时,采用盐醋搓洗法去除异味。

3. 余制猪肚尖时只要成熟就可以,不要长时间烫制,否则会嚼不烂。

五、评价标准

总得分

项次	项目及技术要求	分值设置	得分
1	猪肚清洗干净、无异味	10	
2	猪肚成形美观、不连刀、不断刀	20	
3	成菜光泽透明、汤清味美	30	
4	肚尖脆嫩、口味咸鲜	30	
5	卫生打扫干净、工具摆放整齐	10	

实训 4

玻璃鱼片汤

一、原料配备

主料： 鳜鱼1条（重约500g）。

配料： 竹荪15g，熟瘦火腿50g。

调料： 清汤1000g，盐10g，味精2g，胡椒粉2g，干淀粉50g，香菜10g。

二、操作流程

1. 鳜鱼宰杀去鳃、去皮、去内脏，清洗干净，将竹荪用温水泡发涨透，洗净泥沙，香菜清洗干净。

2. 将鳜鱼分档取料，取净肉，横切成薄片，在砧板上撒干淀粉，放鱼片，捶打成0.1cm厚的薄片。竹荪切成4cm长的段，焯水，捞出用凉水漂洗干净。火腿切薄片，香菜择叶洗净。

3. 将净锅置旺火上，放入清汤、竹荪、火腿片，加盐、味精、胡椒粉调味，旺火烧开，捞出垫底。下入鱼片汆熟，捞出放入汤碗中，撒香菜装饰，成菜。

三、成品特点

鱼片透明似玻璃，竹荪脆嫩鲜爽口，汤清味鲜。

四、操作关键

1. 鱼肉需加淀粉，需敲打成薄片。

2. 竹荪要用温水泡发涨透。

五、评价标准

总得分

项次	项目及技术要求	分值设置	得分
1	器皿清洁干净、个人卫生达标	10	
2	鱼片厚薄均匀、大小一致	20	
3	竹荪脆嫩鲜爽口	30	
4	汤清味鲜	30	
5	卫生打扫干净、工具摆放整齐	10	

一、原料配备

主料： 草鱼1条（重约1000g）。

配料： 菠菜200g，鲜香菇50g。

调料： 猪油50g，盐10g，鸡精3g，料酒50g，胡椒粉2g，葱15g，姜15g。

二、操作流程

1. 将草鱼宰杀去鳃、去内脏，清洗干净，菠菜、鲜香菇、葱、姜分别清洗干净。
2. 将菠菜碾压成汁。将鱼分档取料，将鱼肉刮下，碾成泥状，加入盐摔打成胶制成鱼蓉，将鱼蓉一分为二，其中一份加入菠菜汁调匀。葱切成葱花，姜切末，鲜香菇切片。
3. 将净锅置旺火上，倒入猪油，下入姜末爆香，加水，将双色鱼蓉分别挤成直径2cm的鱼丸放入水中，煮至浮起，下入香菇，加盐、鸡精、料酒，煮开后置入碗中，撒胡椒粉、葱花，装盘成菜。

三、成品特点

白、绿双色相映，汤清味鲜，鱼丸富有弹性。

四、操作关键

1. 刮取鱼肉，去净细刺，摔打成胶。
2. 菠菜汁应分数次加入。
3. 煮制火力不宜过大，防止剧烈震荡而冲散鱼丸。

五、评价标准

总得分

项次	项目及技术要求	分值设置	得分
1	器皿清洁干净、个人卫生达标	10	
2	鱼丸大小一致	20	
3	汤清味鲜、白、绿双色相映	30	
4	鱼丸富有弹性	30	
5	卫生打扫干净、工具摆放整齐	10	

实训 6

清汤鸡球

一、原料配备

主料： 鸡脯肉300g。

配料： 熟火腿50g，鲜香菇15g，鸡蛋5个，上海青10棵。

调料： 色拉油1000g（实耗100g），盐5g，味精2g，料酒25g，胡椒粉1g，淀粉50g，葱20g，姜20g，鸡清汤500g。

二、操作流程

1. 将姜去皮洗净，上海青去老叶取菜心，与鲜香菇一起清洗干净。

2. 将葱、姜拍碎加料酒制成葱姜料酒汁，将鸡肉切成2cm长、2cm宽、0.2cm厚的片，鸡片加盐，葱姜料酒汁腌制30min。鸡蛋清用筷子打发起泡，加入淀粉，调成蛋泡糊。将鲜香菇、火腿切成薄片。上海青菜心焯水，用冷水过凉。

3. 将净锅置旺火上，倒入色拉油，烧至四成热，炒锅离火，把鸡片均匀裹上蛋泡糊，下入油锅炸制，待球形表面凝固时捞起，再在温水中漂过捞出，装入大碗内，加入鸡清汤、火腿片、香菇片、味精、盐，上笼蒸10min，至鸡肉软烂时取出，倒入碗中。将净锅置旺火上，加清汤，下入上海青焯水，至成熟后，倒入碗中，撒上胡椒粉，装盘成菜。

三、成品特点

鸡球色泽洁白，外软里嫩，上海青碧绿，味道咸鲜。

四、操作关键

1. 蛋泡糊制作要充分打散起泡，至筷子可以直立。

2. 鸡片要均匀裹上蛋泡糊。

3. 油温控制在四成热，炸至蛋泡糊凝固捞出。

五、评价标准

总得分

项次	项目及技术要求	分值设置	得分
1	器皿清洁干净、个人卫生达标	10	
2	汤汁清澈、鸡球色泽洁白	20	
3	鸡肉外软里嫩	30	
4	味道咸鲜	30	
5	卫生打扫干净、工具摆放整齐	10	

任务3　烩类湘菜烹调

任务导读〰〰〰〰〰〰〰〰〰〰〰〰〰〰〰〰〰〰〰〰〰〰

一、定义

烩是将多种原料加工成小的形状，经过初步熟处理后，加入高汤和调味品，中火烧透入味，勾以薄芡，使汤菜各半的一种烹调方法。

二、工艺流程

选料 → 原料初加工 → 刀工成形 → 初步熟处理 → 烩制

装盘成菜 ← 勾芡 ← 调味

三、技术关键

1. 一般选择新鲜、细嫩、易成熟、无异味的原料或涨发后的干货原料。

2. 烩菜原料一般要经过初步熟处理，一般加工成半熟或全熟，如果是生料，需要上浆滑油或挂糊炸制后进行操作。

3. 烩菜原料不宜在汤中长时间加热，要保证原料的鲜嫩等特点。

4. 烩制菜肴一般需要加入高汤，出锅前勾以薄芡。

四、成品特点

色泽丰富，汤汁微稠，滑嫩爽口，汤菜各半，质地酥烂或鲜嫩。

任务目标〰〰〰〰〰〰〰〰〰〰〰〰〰〰〰〰〰〰〰〰〰〰

1. 了解烩的定义、工艺流程、成品特点和代表菜品。
2. 熟悉烹调方法烩的原料选择要求、初加工方法和技术关键。
3. 掌握常见烩类湘菜的制作方法。

实训 1

干贝烩丝瓜

一、原料配备

主料： 丝瓜500g。

配料： 干贝100g。

调料： 熟猪油75g，盐5g，味精2g。

二、操作流程

1. 将丝瓜去皮洗净，干贝清洗干净。

2. 将丝瓜切成2cm宽的粗条，干贝放入碗中，上蒸笼蒸15min，取出放凉碾压成丝。

3. 将净锅置旺火上，倒入熟猪油，烧至四成热，下入丝瓜煸炒，加水没过丝瓜，放入干贝烩制成熟，放盐、味精调味，出锅，装盘成菜。

三、成品特点

色泽碧绿，汤汁浓稠，咸鲜滑嫩。

四、操作关键

1. 丝瓜应清洗干净，切成粗条。

2. 干贝蒸熟透后，要碾压成细丝。

3. 油温不宜过高，加热时间不能太长，要保持丝瓜碧绿。

五、评价标准

总得分

项次	项目及技术要求	分值设置	得分
1	器皿清洁干净、个人卫生达标	10	
2	干贝蒸制熟透	20	
3	色泽碧绿	30	
4	汤汁浓稠、咸鲜滑嫩	30	
5	卫生打扫干净、工具摆放整齐	10	

实训2
虾仁烩干丝

一、原料配备

主料： 豆腐千张200g。

配料： 基围虾200g，鲜香菇30g，熟火腿40g，
鸡蛋1个。

调料： 色拉油1000g（实耗50g），盐4g，鸡精
2g，葱10g，姜10g，食用碱5g，料酒
10g，香油20g，水淀粉30g，胡椒粉1g。

二、操作流程

1. 将葱、姜、鲜香菇分别清洗干净，基围虾
取虾仁后洗净，沥水，用姜、葱、料酒腌
制入味。

2. 将豆腐千张切成8cm长的丝，投入开水中
加食用碱浸泡5min左右，再入开水锅焯水
2次，然后用盐焯水。熟火腿、鲜香菇切成
相应的丝，葱切成4cm长的段。

3. 将炒锅置旺火上，滑锅后倒入色拉油，烧
至四成热，将虾仁和鸡蛋清抓捏均匀，用
盐、鸡精、水淀粉上浆后，抖散入锅，滑
油至变色，沥油。炒锅内加入清水，置旺
火上，下熟火腿、鲜香菇、盐、鸡精和豆
腐千张，烧开后，放入虾仁，用水淀粉勾
芡，推拌均匀，加葱段，装盘，撒胡椒
粉，淋香油，出锅，装盘成菜。

三、成品特点

红、绿、白三色相间，色调素雅，咸鲜为主，
千张爽滑，虾仁柔嫩。

四、操作关键

1. 虾仁应选择体型相对较大的基围虾，以便
取出虾仁。

2. 豆腐千张一定要漂尽碱味，焯水所用水量
要宽，火力要大。

3. 上浆饱满，虾仁滑嫩。

五、评价标准

总得分

项次	项目及技术要求	分值设置	得分
1	器皿清洁干净、个人卫生达标	10	
2	虾仁柔嫩、完整、洁白	20	
3	千张爽滑、汤色清淡	30	
4	口感咸鲜、滋味醇厚	30	
5	卫生打扫干净、工具摆放整齐	10	

实训3 全家福

一、原料配备

主料： 油炸肉丸100g，橄榄肉丸100g，焦肉100g，蛋卷100g，水发鱼肚50g，水发墨鱼80g，水发云耳40g，熟猪肚40g，水发豆笋40g，熟鸡肉40g，鲜香菇40g。

调料： 葱10g，料酒10g，盐5g，水淀粉20g，味精2g，清汤800g，胡椒粉1g，色拉油100g。

二、操作流程

1. 将水发鱼肚、水发墨鱼、水发云耳、熟猪肚、水发豆笋、鲜香菇、熟鸡肉、葱分别洗净，切成片或段，蛋卷斜刀切成0.8cm厚的片，焦肉切成约4cm长、3cm宽的块。

2. 将油炸肉丸、橄榄肉丸、蛋卷片分别整齐地码入扣碗中，焦肉铺在其上，入笼屉用旺火蒸熟，倒扣在大圆盘中，拿掉扣碗。

3. 将净锅置旺火上，滑锅后倒入色拉油，烧至六成热，将水发鱼肚、水发墨鱼、水发云耳、熟猪肚、水发豆笋、熟鸡肉等原料下锅煸炒，加盐、味精、鲜香菇、料酒、清汤烧开，加水淀粉勾芡推匀，加葱段，撒胡椒粉，出锅，装盘成菜。

三、成品特点

汤宽汁浓，原料多样，咸鲜、爽滑、肉嫩。

四、操作关键

1. 原料应注意形状、大小的整体配合，符合菜肴要求。

2. 原料翻转动作要轻、巧、柔，保证熟透即可。

3. 油炸肉丸、蛋卷、橄榄肉丸等下锅后加热时间要短，且少推动，防止散碎。

五、评价标准

总得分

项次	项目及技术要求	分值设置	得分
1	器皿清洁干净、个人卫生达标	10	
2	原料整体搭配合理适宜	20	
3	汤宽汁浓、原料成形完整	30	
4	口感咸鲜、爽滑、肉嫩	30	
5	卫生打扫干净、工具摆放整齐	10	

思考题

1. 烩与汆的区别在什么地方？
2. 湘菜烩与其他菜系烩有什么区别？
3. 煮与烩的区别是什么？
4. 烩与汆在原料的初加工、初步熟处理时的区别分别是什么？

模块四

以汽为主要传热介质的湘菜烹调

　　汽传热是指通过热蒸汽将原料加热成熟的一种烹调工艺。在四五千年前，人们就懂得了用蒸汽作为导热媒介蒸制食物，《齐民要术》中记载了蒸鸡、蒸羊、蒸鱼等方法，宋朝以后相继出现了裹蒸法、酒蒸法、蒸瓤法，明清以后有了粉蒸法。根据蒸制火力的大小可分为旺火沸水速蒸、旺火沸水长时间焖蒸、中小火沸水徐徐蒸、小火沸水保温蒸四类。湘菜中常用的主要有清蒸、粉蒸、豉油蒸和浏阳蒸四类。

1. 了解以汽为主要传热介质的烹调方法分类。
2. 了解各类汽传热的烹调方法的概念、工艺和操作关键。
3. 掌握常见蒸制菜肴的操作过程和关键点。
4. 能合理利用所学知识解决实际生产中遇到的问题。

1. 清蒸类湘菜烹调
2. 粉蒸类湘菜烹调
3. 豉油蒸类湘菜烹调
4. 浏阳蒸类湘菜烹调

蒸类湘菜烹调

项目导读

蒸是将加工整理成形的原料调味后，放入蒸柜或蒸箱内，利用蒸汽传热使其成熟的烹调方法。蒸的方法在湘菜中运用非常广泛，不仅可以用于蒸制菜肴，还可用于原料的初熟处理和菜肴的保温，蒸类菜肴一般具有质感软烂或软嫩，形态完整，原汁原味的特点，在《千鼎集·伊尹蒸考》中就有关于"伊尹蒸雪鹄"的记载。

实训任务

任务	任务编号	任务内容
任务1　清蒸类湘菜烹调	实训1	蒸鸡蛋
	实训2	蜜枣蒸南瓜
	实训3	香芋蒸排骨
	实训4	手工肉丸汤
	实训5	五圆蒸鸡
任务2　粉蒸类湘菜烹调	实训1	粉蒸肉
	实训2	粉蒸排骨
	实训3	粉蒸鸡
任务3　豉油蒸类湘菜烹调	实训1	剁椒鱼头
	实训2	豉汁蒸鲈鱼
	实训3	蒜蓉粉丝蒸娃娃菜
	实训4	开屏武昌鱼
	实训5	酱椒蒸鲈鱼
	实训6	武陵扣羊肉
	实训7	醴陵蒸鱼块

续表

任务	任务编号	任务内容
任务4　浏阳蒸类湘菜烹调	实训1	蒸芋头
	实训2	豉椒蒸排骨
	实训3	浏阳米糠肠
	实训4	红椒蒸伏鸭
	实训5	旺府蒸腊鸭
	实训6	霉干菜扣肉
	实训7	腊鱼尾蒸腊肉
	实训8	干辣椒蒸猪耳

实训方法

任务1　清蒸类湘菜烹调

任务导读

一、定义

清蒸是将单一原料经初加工和刀工成形后，不加有色调味品调味，直接调味蒸制成熟的一种烹调方法。

二、工艺流程

选料 → 原料初加工 → 刀工成形 → 装盘 → 调味 → 蒸制 → 成菜

三、技术关键

1. 菜肴原料务必选择新鲜、无异味的食材，如排骨、南瓜、鸡蛋等。

2. 要求刀工精细、大小一致，尽量保证原料外观的完整，初加工时必须将原料清洗干净。

3. 原料一般在蒸制前要进行调味处理，不加有色调味品，确保原料入味。

4. 要根据原料质地来掌握火候，质地鲜嫩的原料可以旺火沸水速蒸，质地粗老的原料可以旺火沸水长时间蒸。

四、成品特点

原汁原味，口味以咸鲜为主，突显原料本色。

任务目标

1. 了解清蒸的定义、工艺流程、成品特点和代表菜品。
2. 熟悉烹调方法清蒸的原料选择要求、初加工方法和技术关键。
3. 掌握常见清蒸类湘菜的制作方法。

実训 1
蒸鸡蛋

一、原料配备

主料：鸡蛋3个。

调料：色拉油10g，盐3g，葱10g。

二、操作流程

1. 将葱去老叶，洗净。
2. 将鸡蛋打入碗中，加入盐，将鸡蛋打散，加入温水搅拌均匀，葱切成葱花。
3. 待蒸柜上汽后，将鸡蛋放入蒸柜蒸制10min取出，淋上色拉油，撒葱花，成菜。

三、成品特点

色泽淡黄，口味咸鲜，质感滑嫩。

四、操作关键

1. 鸡蛋打散，盐充分溶解。
2. 蒸鸡蛋时应加入适量温水，在蒸制后保持滑嫩无气孔。
3. 采用旺火沸水速蒸的方法。

五、评价标准

总得分

项次	项目及技术要求	分值设置	得分
1	器皿清洁干净、个人卫生达标	10	
2	蒸蛋无结块、无蛋壳残留	20	
3	调味准确、不咸不淡	30	
4	蒸蛋无气孔、滑嫩	30	
5	卫生打扫干净、工具摆放整齐	10	

实训2 蜜枣蒸南瓜

一、原料配备

主料： 南瓜600g。

配料： 蜜枣20g。

调料： 盐2g，糖10g。

二、操作流程

1. 将南瓜去皮、去籽洗净。

2. 将南瓜切成5cm长、2cm厚的块。

3. 将南瓜拌上盐，与蜜枣一起摆入盘中，均匀地撒上糖，放入蒸柜，蒸制15min取出，成菜。

三、成品特点

色泽金黄，口味鲜甜，入口软烂。

四、操作关键

1. 南瓜大小一致，形态完整。

2. 采用旺火沸水速蒸的方法，蒸至南瓜软烂。

五、评价标准

总得分

项次	项目及技术要求	分值设置	得分
1	器皿清洁干净、个人卫生达标	10	
2	南瓜厚薄均匀、大小一致	30	
3	南瓜色泽金黄	20	
4	南瓜鲜甜、软烂	30	
5	卫生打扫干净、工具摆放整齐	10	

实训 3
香芋蒸排骨

一、原料配备

主料：排骨300g。

配料：香芋200g。

调料：色拉油20g，盐3g，味精3g，葱25g，淀粉15g。

二、操作流程

1. 将香芋去皮与葱一起清洗干净。
2. 将排骨斩成2cm长的块，用冷水冲洗血水，沥干水分，葱切成葱花。排骨中加盐、味精腌制15min，加入淀粉、色拉油拌匀，芋头切成2cm长的菱形块。
3. 将排骨和芋头装入碗中，放入蒸柜，蒸制30min取出，撒上葱花，成菜。

三、成品特点

排骨滑嫩，芋头软糯，口味咸鲜。

四、操作关键

1. 排骨用流水将血水冲洗干净，避免腥味残留。
2. 芋头、排骨要保持大小一致。
3. 采用旺火沸水速蒸的方法。

五、评价标准

总得分

项次	项目及技术要求	分值设置	得分
1	器皿清洁干净、个人卫生达标	10	
2	排骨、香芋刀工整齐、大小一致	30	
3	味道咸鲜、无异味	20	
4	香芋软糯、排骨滑嫩	30	
5	卫生打扫干净、工具摆放整齐	10	

实训 4
手工肉丸汤

一、原料配备

主料： 猪五花肉500g。

配料： 生菜50g，紫贝菜50g，金针菇50g，苦菊50g，鸡蛋4个。

调料： 盐5g，味精5g，胡椒粉3g，枸杞15g，红枣15g，葱15g。

二、操作流程

1. 将五花肉、生菜、紫贝菜、金针菇、苦菊、葱、枸杞、红枣分别清洗干净。
2. 将葱切成葱花，猪五花肉剁成肉泥混合在一起，加入盐摔打成胶，搓成橄榄形，取汤盅加入冷水调入盐和味精，加入肉丸，封上保鲜膜。
3. 鸡蛋打入味碟中随肉丸汤蒸制5min取出，将荷包蛋放入肉丸汤中，加入枸杞、红枣再蒸制2h取出，撒胡椒粉、葱花，成菜。生菜、紫贝菜、金针菇、苦菊作为配菜一起上桌。

三、成品特点

汤汁清澈，味道咸鲜，肉丸软烂。

四、操作关键

1. 猪五花肉要斩成泥混合在一起，摔打成胶。
2. 采用旺火沸水长时间蒸制的方法。
3. 配菜随汤上桌。

五、评价标准

总得分

项次	项目及技术要求	分值设置	得分
1	器皿清洁干净、个人卫生达标	10	
2	配料清洗干净无老叶	20	
3	肉丸软烂	30	
4	口味咸鲜、汤汁清澈	30	
5	卫生打扫干净、工具摆放整齐	10	

实训5
五圆蒸鸡

一、原料配备

主料：土鸡1只（重约1500g）。

配料：干荔枝50g，桂圆50g，干红枣50g，莲子50g，枸杞15g。

调料：料酒20g，盐8g，味精3g，胡椒粉2g，葱15g，姜15g。

二、操作流程

1. 将鸡宰杀去毛，腹部开刀，掏出内脏，清洗干净。葱洗净，姜去皮洗净，荔枝、桂圆去壳洗净，红枣、枸杞、莲子洗净。

2. 将姜切成0.2cm厚的片，葱打葱结。

3. 将鸡放入蒸盅，加入桂圆、荔枝、莲子、红枣，加入盐、味精、料酒，撒上胡椒粉，放入葱、姜，加入水没过鸡身，放入蒸柜，蒸制2h取出，挑出葱、姜，撒上枸杞即可。

三、成品特点

咸甜浓香，原汁原味，形态完整。

四、操作关键

1. 整鸡加工无鸡毛残留。

2. 采用腹开法，不宜开口太大，能够塞入配料即可。

3. 采用旺火沸水长时间蒸制的方法。

五、评价标准

总得分

项次	项目及技术要求	分值设置	得分
1	器皿清洁干净、个人卫生达标	10	
2	桂圆、红枣、荔枝、莲子无壳仁残留	30	
3	成菜鸡肉形态完整	30	
4	鸡肉软烂、口味咸甜浓香	20	
5	卫生打扫干净、工具摆放整齐	10	

任务2　粉蒸类湘菜烹调

任务导读

一、定义

　　粉蒸是将刀工成形后的原料，腌制入味，黏裹上一层蒸肉米粉，装入盛器，旺火沸水长时间蒸制成熟的一种烹调方法。

二、工艺流程

选料 → 原料初加工 → 刀工成形 → 腌制入味

成菜 ← 蒸制 ← 装盘 ← 裹粉

三、技术关键

1. 通常选用鲜活味足、无筋且易成熟的原料，例如鸡肉类、根茎类和豆类等。
2. 湘菜中一般选择自制蒸肉粉。
3. 原料在裹粉前应先腌制入味，裹粉必须疏松，不能压紧压实。
4. 在蒸制前，原料表面应加上适量水分和油脂，使原料受热均匀快速成熟。

四、成品特点

　　色泽红润，口味醇香，质地软糯，油而不腻。

任务目标

1. 了解粉蒸的定义、工艺流程、成品特点和代表菜品。
2. 熟悉烹调方法粉蒸的原料选择要求、初加工方法和技术关键。
3. 掌握常见粉蒸类湘菜的制作方法。

実训 1 粉蒸肉

一、原料配备

主料： 五花肉500g。

配料： 糯米100g，红曲米50g。

调料： 色拉油50g，盐5g，味精3g，酱油10g，料酒20g，葱15g，辣椒粉20g，八角5g，桂皮5g。

二、操作流程

1. 将五花肉、葱清洗干净。

2. 将净锅置旺火上，将糯米、红曲米、八角、桂皮炒香，倒出打碎，制成蒸肉粉；葱切成葱花。

3. 将五花肉切成3cm宽、4cm长、0.3cm厚的片，用味精、盐、酱油、料酒、辣椒粉腌制入味，加入蒸肉粉，加适量水让蒸肉粉充分吸收水分，加油拌制均匀，摆入盘中。

4. 待蒸柜上汽，将五花肉上蒸柜蒸至软糯出油取出，撒上葱花，成菜。

三、成品特点

色泽红亮，口味咸鲜香辣，质感软糯。

四、操作关键

1. 选用肥瘦相间的五花肉。

2. 蒸肉粉配比合理，香料炒制时炒香即可。

3. 五花肉腌制入味，裹粉时加入适量的水，保证原料的成熟一致。

4. 采用中小火沸水长时间蒸制，蒸至五花肉出油。

五、评价标准

总得分

项次	项目及技术要求	分值设置	得分
1	器皿清洁干净、个人卫生达标	10	
2	五花肉厚薄均匀、大小一致	20	
3	粉蒸肉香味突出	30	
4	色泽红亮、口味咸鲜香辣、质感软糯	30	
5	卫生打扫干净、工具摆放整齐	10	

实训 2
粉蒸排骨

一、原料配备

主料：排骨500g。

配料：糯米50g，红曲米50g。

调料：色拉油50g，盐5g，味精3g，酱油10g，白酒20g，葱15g，八角5g，桂皮10g，辣椒粉20g。

二、操作流程

1. 将排骨漂净血水，葱清洗干净。

2. 将净锅置旺火上，将糯米、红曲米、八角、桂皮炒香，倒出打碎，制成蒸肉粉；葱切成葱花。

3. 将排骨斩成3cm长的段，用盐、味精、酱油、白酒、辣椒粉腌制入味，加入蒸肉粉，加适量水让蒸肉粉充分吸收水分，加油拌制均匀，摆入盘中。

4. 待蒸柜上汽，将排骨上蒸柜蒸至软烂出油取出，撒上葱花，成菜。

三、成品特点

色泽红亮，口味咸鲜香辣，质感软糯。

四、操作关键

1. 蒸肉粉配比合理，香料炒制时应炒香即可。

2. 排骨腌制入味，裹粉时加入适量的水，保证原料成熟一致。

3. 采用中小火沸水长时间蒸制，蒸至排骨软烂出油。

五、评价标准

总得分

项次	项目及技术要求	分值设置	得分
1	器皿清洁干净、个人卫生达标	10	
2	排骨长短均匀	20	
3	蒸肉粉香味突出	30	
4	色泽红亮、口味咸鲜香辣、质感软糯	30	
5	卫生打扫干净、工具摆放整齐	10	

实训 3
粉蒸鸡

一、原料配备

主料： 鸡1只（重约1000g）。

配料： 糯米100g，红曲米50g。

调料： 色拉油75g，盐5g，味精3g，酱油15g，白酒30g，葱15g，八角5g，桂皮10g，辣椒粉20g。

二、操作流程

1. 将鸡宰杀，去毛，去内脏，冲洗干净，葱洗净。

2. 将净锅置旺火上，将糯米、红曲米、八角、桂皮炒香，倒出打碎，制成蒸肉粉；葱切成葱花。

3. 将鸡斩成3cm长、3cm宽的块，用味精、盐、酱油、白酒、辣椒粉腌制入味，加入蒸肉粉，加适量水让蒸肉粉充分吸收水分，加油拌制均匀，摆入盘中。

4. 待蒸柜上汽，将鸡块上蒸柜蒸制2h取出，撒葱花，成菜。

三、成品特点

色泽红亮，口味咸鲜香辣，质感软糯。

四、操作关键

1. 蒸肉粉配比合理，香料炒制时炒香即可。

2. 鸡块腌制入味，裹粉时加入适量的水，保证原料的成熟一致。

3. 采用中小火沸水长时间蒸制，蒸至鸡块软烂。

五、评价标准

总得分

项次	项目及技术要求	分值设置	得分
1	器皿清洁干净、个人卫生达标	10	
2	鸡肉斩块大小一致	20	
3	蒸肉粉香味突出	30	
4	色泽红亮、口味咸鲜香辣、质感软糯	30	
5	卫生打扫干净、工具摆放整齐	10	

任务3　豉油蒸类湘菜烹调

任务导读

一、定义

豉油蒸是将刀工处理后的原料腌制入味后装盘，旺火沸水速蒸成熟后，撒上辛香类调配料，淋上豉油再浇淋热油成菜的一种烹调方法。

二、工艺流程

选料 → 原料初加工 → 刀工成形 → 腌制入味 → 装盘 → 蒸制 → 淋豉油、浇热油 → 成菜

三、技术关键

1. 多选用鲜嫩的水产类原料，如扇贝、象拔蚌、螺类等。
2. 原料加工要求干净无泥沙、血渍、鳞、鳃及内脏残留，且要刀工精细，粗细均匀。
3. 蒸制时间不宜过长，旺火沸水速蒸，保持原料整体完整。
4. 豉油配比合理，调味准确。
5. 淋油油温在七八成热，利用热油将辛香味原料充分激发出来。

四、成品特点

色泽油亮，豉香浓郁，原料完整，质地细嫩。

任务目标

1. 了解豉油蒸的定义、工艺流程、成品特点和代表菜品。
2. 熟悉烹调方法豉油蒸的原料选择要求、初加工方法和技术关键。
3. 掌握常见豉油蒸类湘菜的制作方法。

实训 1

剁椒鱼头

一、原料配备

主料：鳙鱼头1000g。

配料：剁辣椒100g。

调料：色拉油100g，盐5g，味精2g，料酒20g，蒸鱼豉油30g，葱20g，姜20g。

二、操作流程

1. 将葱洗净切成葱花，姜去皮洗净切末，剁辣椒剁细，葱、姜、料酒制成葱姜料酒汁待用。

2. 将鱼头背开，保持两片相连不断。在鱼肉处剞斜一字花刀，在鱼头两面均匀抹上盐和葱姜料酒汁，腌制10min。

3. 将净锅置旺火上，倒入色拉油，烧至六成热，下入姜末煸香，放入剁辣椒炒出香气后，加入少量的盐和味精调味，盛出备用。在鱼头上淋蒸鱼豉油，将炒好的剁辣椒均匀地铺在鱼头上。

4. 待蒸柜上汽后，大火蒸制10min取出，撒上葱花。净锅入油，烧至七成热，将热油淋在鱼头上，成菜。

三、成品特点

色泽红亮，细嫩晶莹，咸鲜香辣。

四、操作关键

1. 鱼头清洗干净，在鱼肉处剞斜一字花刀。

2. 鱼头背开，保持两片相连不断。

3. 采用旺火沸水速蒸的方法，蒸至鱼眼呈白色或者在鱼肉背部用筷子能轻易插入。

五、评价标准

总得分

项次	项目及技术要求	分值设置	得分
1	器皿清洁干净、个人卫生达标	10	
2	鱼头完整	20	
3	色泽红亮、鱼肉细嫩	30	
4	剁辣椒香味突出、咸鲜香辣	30	
5	卫生打扫干净、工具摆放整齐	10	

实训 2 豉汁蒸鲈鱼

一、原料配备
主料： 鲈鱼1条（重约500g）。
配料： 大葱30g，尖红椒20g。
调料： 花生油75g，盐3g，蒸鱼豉油20g，小葱20g，姜20g，胡椒粉3g。

二、操作流程
1. 将鲈鱼去鳞、去鳃、去内脏洗净，尖红椒去蒂与大葱、小葱、姜洗净待用。
2. 将鲈鱼沿鱼脊骨剖一字花刀，加盐腌制15min。将小葱、尖红椒切丝，姜一半切丝，一半切片，大葱一半切丝，一半切段。
3. 将鱼放入鱼盘中，底部插入两根筷子，鱼身上放姜片、大葱段、胡椒粉，待蒸柜上汽后放入蒸柜蒸制8min取出，将蒸鱼汤汁倒出，将葱丝、辣椒丝、姜丝均匀盖在鱼上，将净锅置旺火上，锅中加入花生油烧至七成热，浇在葱姜辣椒丝上，淋入蒸鱼豉油，成菜。

三、成品特点
鱼肉鲜嫩，葱、姜香味突出，咸鲜味美。

四、操作关键
1. 鱼宰杀后清洗干净，无内脏、鳞、鳃残留。
2. 鲈鱼剖一字花刀深度适宜，刀距均匀。
3. 控制好蒸制时间，蒸制8min为宜，保持鱼肉鲜嫩。

五、评价标准
总得分

项次	项目及技术要求	分值设置	得分
1	器皿清洁干净、个人卫生达标	10	
2	葱丝、姜丝、辣椒丝粗细均匀	30	
3	味道咸鲜	20	
4	成菜鱼肉完整、肉质细嫩	30	
5	卫生打扫干净、工具摆放整齐	10	

实训 3

蒜蓉粉丝蒸娃娃菜

一、原料配备

主料：娃娃菜400g。

配料：粉丝50g，尖红椒20g。

调料：色拉油1000g（实耗75g），盐3g，鸡精5g，蒜子100g，豉油50g，葱15g。

二、操作流程

1. 将娃娃菜洗净，蒜子去皮、去头尾，尖红椒去蒂、去籽洗净，葱洗净，粉丝冷水泡发。

2. 将蒜子剁成米状，洗净，挤干水分。尖红椒切米，葱切成葱花，娃娃菜均匀切成6瓣。

3. 将净锅置旺火上，倒入色拉油，烧至五成热，将2/3的蒜米炸至金黄捞出，与剩下1/3的生蒜合拌均匀，加入尖红椒，浇入热油，调入盐、鸡精搅拌均匀。锅中加入水烧开，加入适量的盐，将娃娃菜焯水捞出过凉，沥干水分，摆入盘中。

4. 将粉丝均匀盖在娃娃菜上，在粉丝上撒上蒜蓉，待蒸柜上汽，放入蒸柜蒸制8min取出，撒葱花，淋入豉油，锅中加油烧至七成热，淋在娃娃菜上，成菜。

三、成品特点

色泽金黄，蒜香味浓郁，味道咸鲜，娃娃菜质感脆嫩。

四、操作关键

1. 娃娃菜一开为六，蒜子不宜剁太细，以便保持蒜的口感。

2. 将2/3蒜米炸至金黄后与1/3生蒜拌匀，制成蒜蓉。

3. 采用旺火沸水速蒸的方法，保持原料脆嫩。

五、评价标准

总得分

项次	项目及技术要求	分值设置	得分
1	器皿清洁干净、个人卫生达标	10	
2	蒜蓉粗细均匀、富有颗粒感	20	
3	蒜蓉调味准确	30	
4	蒜香味浓郁、口味咸鲜、质感脆嫩	30	
5	卫生打扫干净、工具摆放整齐	10	

实训 4 开屏武昌鱼

一、原料配备

主料： 鳊鱼1条（重约500g）。

配料： 尖红椒20g。

调料： 色拉油50g，豆豉20g，葱15g，姜20g，料酒20g，盐8g，蒸鱼豉油50g。

二、操作流程

1. 将鳊鱼去鳞、鳃、内脏和黑膜清洗干净，姜去皮、尖红椒去蒂，分别洗净，豆豉、葱洗净。

2. 将鳊鱼斩下头和尾部，沿脊骨斩切成1cm厚的片，将一半葱、姜拍碎与料酒制成葱姜料酒汁，将鱼用盐、葱姜料酒汁腌制15min，拣出葱、姜后清洗干净，同鱼头、鱼尾在盘中摆成孔雀开屏状。另一半姜切姜米，葱切成葱花，尖红椒切碎。

3. 将净锅置旺火上，锅中加入油烧至六成热，将豆豉炒香倒出，加入盐、尖红椒碎、姜米搅拌均匀浇在鱼身上。

4. 待蒸柜上汽，将鱼放入蒸柜蒸制8min取出，倒出汤汁，撒葱花，锅中加入油烧至八成热，浇在鱼上，淋入蒸鱼豉油，成菜。

三、成品特点

色泽油亮，豉香浓郁，咸鲜香辣，形似孔雀开屏，鱼肉细嫩。

四、操作关键

1. 鳊鱼从背部垂直脊骨斩切至腹部，刀距约1cm，保持腹部相连。

2. 腌制时间要充足，保证鱼肉腌制入味。

3. 采用旺火沸水速蒸的方法，保证鱼肉细嫩。

4. 将鱼沿盘内径排列成圆弧形，形似孔雀开屏。

五、评价标准

总得分

项次	项目及技术要求	分值设置	得分
1	器皿清洁干净、个人卫生达标	10	
2	鱼初加工无鳞、鳃、内脏残留	20	
3	鱼肉腹部连接不断、造型完整	30	
4	口味咸鲜香辣、鱼肉细嫩	30	
5	卫生打扫干净、工具摆放整齐	10	

实训5 酱椒蒸鲈鱼

一、原料配备

主料： 鲈鱼1条（重约500g）。

配料： 酱辣椒20g，尖红椒20g。

调料： 色拉油50g，盐3g，姜15g，蒸鱼豉油50g。

二、操作流程

1. 将鲈鱼去鳞、去鳃、去内脏清洗干净，姜去皮、尖红椒去蒂，分别洗净。

2. 沿鱼脊骨剞一字花刀，加盐腌制10min，尖红椒、姜切丝。

3. 将净锅置旺火上，锅中加入色拉油烧至六成热，下酱辣椒、姜丝炒香倒出。

4. 将鱼放入鱼盘中，底部插入两根筷子，将酱辣椒盖在鱼上，待蒸柜上汽后放入蒸柜蒸制8min取出，将蒸鱼汤汁倒出，将尖红椒丝盖在鱼上，将净锅置旺火上，锅中加入油烧至七成热，淋在鱼身上，淋入蒸鱼豉油即可。

三、成品特点

鱼肉鲜嫩，咸鲜味美。

四、操作关键

1. 鲈鱼初加工规范，无鳞、鳃、内脏残留。

2. 鲈鱼剞刀深度适宜，刀距均匀。

3. 采用旺火沸水速蒸的方法，保持鱼肉细嫩。

4. 高油温浇淋在鱼身上充分激发原料辛香味。

五、评价标准

总得分

项次	项目及技术要求	分值设置	得分
1	器皿清洁干净、个人卫生达标	10	
2	姜丝、尖红椒丝粗细均匀	30	
3	鱼肉表皮完整不破	30	
4	鱼肉鲜嫩、酱辣椒香味突出、咸鲜味美	20	
5	卫生打扫干净、工具摆放整齐	10	

实训 6 武陵扣羊肉

一、原料配备

主料： 羊肉1000g。

配料： 酸辣椒50g。

调料： 色拉油30g，盐3g，味精2g，八角5g，桂皮5g，酱油5g，水淀粉15g。

二、操作流程

1. 将酸辣椒清洗干净切碎，将羊肉冷水下锅焯水，捞出清洗干净。

2. 在锅中加入水，下羊肉，加入八角、桂皮，煮至成熟，捞出去骨，羊肉凉透后，切成6cm长、2cm宽、1cm厚的块。将羊肉皮朝下整齐地摆在扣碗中，撒入盐、味精，淋入酱油，放入酸辣椒、八角、桂皮。

3. 待蒸柜上汽，将羊肉放入蒸柜蒸制90min至软烂取出，倒出原汁，羊肉反扣在盘中，将原汁倒入锅中，加水淀粉勾芡淋油，浇淋在羊肉上，成菜。

三、成品特点

味道酸辣咸鲜，色泽红亮，羊肉软烂。

四、操作关键

1. 羊肉焯水时应冷水下锅，水量要足，以便去除血污。

2. 羊肉切块应大小一致。

3. 蒸制时将羊肉皮朝下整齐地摆在扣碗中。

4. 采用旺火沸水长时间蒸制的方法，蒸至羊肉软烂即可。

五、评价标准

总得分

项次	项目及技术要求	分值设置	得分
1	器皿清洁干净、个人卫生达标	10	
2	羊肉无腥膻味	20	
3	羊肉改刀成块、大小均匀一致	30	
4	味道酸辣咸鲜、色泽红亮、羊肉软烂	20	
5	卫生打扫干净、工具摆放整齐	10	

一、原料配备

主料：草鱼中段400g。

调料：菜籽油50g，盐10g，味精2g，辣椒粉20g，姜15g，葱15g，料酒20g，豆豉10g，酱油5g。

二、操作流程

1. 将草鱼洗净，姜去皮与葱洗净。

2. 将一半姜、葱拍碎加入料酒制成葱姜料酒汁，草鱼剞一字花刀，加入盐、葱姜料酒汁，腌制12h取出清洗干净，放入碗中；另一半葱切成葱花，姜切米。

3. 将净锅置旺火上，倒入菜籽油，烧至三成热，加入豆豉、辣椒粉、姜米，加入盐、味精调味，炒香后盖在鱼上，加入适量酱油和水。

4. 蒸柜上汽，将装有鱼块的碗放入蒸柜蒸制20min取出，撒上葱花即可。

三、成品特点

鱼块完整，汤汁红亮，口味咸鲜香辣，质感软嫩。

四、操作关键

1. 鱼肉剞刀深度适宜，约1cm。

2. 鱼块腌制时间要足，确保入味，腌制过后的鱼块，应该清洗干净。

3. 采用旺火沸水速蒸的方法，蒸至鱼肉成熟，确保鱼肉鲜嫩。

五、评价标准

总得分

项次	项目及技术要求	分值设置	得分
1	器皿清洁干净、个人卫生达标	10	
2	汤汁色泽红亮	20	
3	调味准确、豉香味突出	30	
4	口味咸鲜香辣、质感软嫩	30	
5	卫生打扫干净、工具摆放整齐	10	

任务4 浏阳蒸类湘菜烹调

任务导读

一、定义

浏阳蒸菜是将原料经初加工、刀工成形后放入盛器内，加入豆豉、辣椒，撒入盐、味精，淋入茶油蒸制成熟的一种烹调方法。

二、工艺流程

选料 → 原料初加工 → 刀工成形 → 装盘 → 调味 → 蒸制 → 成菜

三、技术关键

1. 浏阳蒸菜选料广泛，腊制品、鲜活肉类、伏货、蔬菜、干菜、河鲜等均可蒸制。

2. 调味简单，常用的调料有盐、味精、茶油、鲜辣椒、干辣椒粉、剁辣椒、酸辣椒、浏阳豆豉等，突出食材的本味。

3. 对于腊制品等含盐量较高的原料，在蒸制前要焯水。

4. 在蒸制一些耗时的食材时，可以采用二次蒸制的方法。先淋入少许茶油，蒸至八成熟时取出，再放入尖红椒碎、浏阳豆豉等调料，蒸10min左右成菜。

四、成品特点

原汁原味，色泽丰富，香气馥郁，咸鲜味美。

任务目标

1. 了解浏阳蒸的定义、工艺流程、成品特点和代表菜品。
2. 熟悉烹调方法浏阳蒸的原料选择要求、初加工方法和技术关键。
3. 掌握常见浏阳蒸类湘菜的制作方法。

実训
1

蒸芋头

一、原料配备

主料：芋头400g。

配料：尖红椒30g。

调料：茶油20g，盐3g，味精2g，豆豉5g，葱15g。

二、操作流程

1. 将芋头去皮，尖红椒去蒂与豆豉、葱分别清洗干净。

2. 将尖红椒切碎，芋头切成0.5cm厚的片，葱切成葱花。

3. 将芋头放入碗中，加入盐、味精拌匀，撒上豆豉、尖红椒碎，淋入茶油。

4. 待蒸柜上汽，将装有芋头的碗放入蒸柜，蒸制20min至软烂取出，撒葱花，成菜。

三、成品特点

芋头软烂，口味咸鲜香辣。

四、操作关键

1. 芋头切片需厚薄一致，厚度为0.5cm。

2. 旺火沸水速蒸，蒸制20min至芋头软烂即可。

五、评价标准

总得分

项次	项目及技术要求	分值设置	得分
1	器皿清洁干净、个人卫生达标	10	
2	芋头片厚薄均匀一致	20	
3	芋头软烂、无夹生	30	
4	口味咸鲜香辣	30	
5	卫生打扫干净、工具摆放整齐	10	

实训 2
豉椒蒸排骨

一、原料配备

主料： 排骨500g。

配料： 尖红椒30g。

调料： 茶油50g，盐3g，味精2g，豆豉15g，蒸鱼豉油30g。

二、操作流程

1. 将尖红椒去蒂与排骨、豆豉分别洗净待用。

2. 将豆豉、尖红椒切碎，将排骨斩成3cm长的段，用凉水冲净血渍。

3. 将排骨沥干水分，加入盐、味精、豆豉，淋入茶油搅拌均匀装入盘中，再淋入蒸鱼豉油，撒上尖红椒碎。

4. 待蒸柜上汽，蒸制30min，成熟后取出即可成菜。

三、成品特点

口味咸鲜，豉香浓郁，味道香辣，排骨软嫩。

四、操作关键

1. 排骨需斩成大小一致的段。

2. 排骨需用冷水冲净血渍，保证成菜无腥味。

3. 采用旺火沸水速蒸的方法，蒸制30min，保证排骨软嫩。

五、评价标准

总得分

项次	项目及技术要求	分值设置	得分
1	器皿清洁干净、个人卫生达标	10	
2	排骨冲净血渍、无腥味残留	30	
3	排骨长短一致	30	
4	口味咸鲜、豉香浓郁、排骨软嫩	20	
5	卫生打扫干净、工具摆放整齐	10	

实训 3

浏阳米糠肠

一、原料配备

主料: 大肠500g。

配料: 大米100g,米糠200g,谷壳200g,尖红椒100g。

调料: 茶油75g,盐3g,味精2g,蒜子15g,浏阳豆豉15g。

二、操作流程

1. 将大肠用水冲洗,刮去多余的油脂;在净锅中加入大米、米糠、谷壳,下大肠合炒至谷壳、米糠发黑,关火,加盖闷制5min取出,大肠清洗干净,尖红椒去蒂,蒜子去皮,与浏阳豆豉分别清洗干净。

2. 将大肠切成0.5cm粗的丝,蒜切末,尖红椒切碎。

3. 将净锅置旺火上,锅中加入茶油,烧至六成热,下蒜爆香后,下入大肠翻炒均匀,加盐、味精调味装入碗中,撒尖红椒碎、豆豉。

4. 待蒸柜上汽,将大肠放入蒸柜蒸制15min至成熟,成菜。

三、成品特点

味道咸鲜香辣,大肠软韧,豆豉辣椒香味突出。

四、操作关键

1. 大肠应采用灌洗方法清洗,刮净油脂,去除腥味。

2. 炒制时需将大肠光滑的一面朝外,同大米、米糠、谷壳合炒。

3. 大肠切丝需保持粗细均匀一致。

4. 采用旺火沸水速蒸的方法,蒸制15min至大肠成熟,口感软韧。

五、评价标准

总得分

项次	项目及技术要求	分值设置	得分
1	器皿清洁干净、个人卫生达标	10	
2	大肠清洗干净无异味残留	30	
3	大肠丝粗细均匀	20	
4	味道咸鲜香辣、大肠软韧、豆豉辣椒香味突出	30	
5	卫生打扫干净、工具摆放整齐	10	

实训 4

红椒蒸伏鸭

一、原料配备

主料：伏鸭1只（重约1000g）。

配料：尖红椒80g。

调料：茶油75g，盐5g，味精2g，辣椒粉20g，八角5g，桂皮5g，白酒15g，酱油5g，浏阳豆豉15g，葱15g。

二、操作流程

1. 将伏鸭宰杀后，去毛，去除内脏，清洗干净，尖红椒去蒂与豆豉、葱分别清洗干净。

2. 将伏鸭斩成2cm长、2cm宽的块，尖红椒切碎，八角、桂皮研磨成粉，葱切段。

3. 在鸭肉中加入八角桂皮粉，淋入白酒、酱油，调入盐、味精、辣椒粉合拌均匀，装入碗中，撒上豆豉、尖红椒碎，淋入茶油。

4. 待蒸柜上汽，将鸭肉放入蒸柜蒸制60min至成熟软烂，取出，撒葱段成菜。

三、成品特点

味道咸鲜香辣，鸭肉软烂，香味浓郁。

四、操作关键

1. 鸭子宰杀时需清理干净，无鸭毛残留。

2. 鸭肉需斩成大小一致的块。

3. 鸭肉蒸制前需腌制入味，且要调味准确。

4. 采用旺火沸水速蒸的方法，蒸至鸭肉软烂入味即可。

五、评价标准

总得分

项次	项目及技术要求	分值设置	得分
1	器皿清洁干净、个人卫生达标	10	
2	伏鸭宰杀清洗干净	30	
3	鸭肉大小均匀	20	
4	味道咸鲜香辣、鸭肉软烂入味	30	
5	卫生打扫干净、工具摆放整齐	10	

实训 5

旺府蒸腊鸭

一、原料配备

主料： 腊鸭1只（重约500g）。

配料： 尖红椒100g。

调料： 茶油75g，味精2g，干辣椒粉20g，酱油3g，浏阳豆豉15g。

二、操作流程

1. 将腊鸭放入温水中清洗干净，尖红椒去蒂与浏阳豆豉分别清洗干净。

2. 将腊鸭斩成2cm长、2cm宽的块，尖红椒切碎。

3. 将净锅置旺火上，将腊鸭冷水下锅焯水捞出，摆入碗中，放入豆豉、干辣椒粉、味精拌匀，酱油兑适量水淋在鸭肉上，淋入茶油，撒上尖红椒碎。

4. 待蒸柜上汽，将腊鸭放入蒸柜蒸制30min至成熟取出，成菜。

三、成品特点

味道咸鲜香辣，腊香味突出。

四、操作关键

1. 鸭肉清洗后需斩成大小一致的块。

2. 腊鸭蒸制前应焯水，去除多余的盐味和表面的油脂。

3. 采用旺火沸水速蒸的方法，蒸至鸭肉成熟即可。

五、评价标准

总得分

项次	项目及技术要求	分值设置	得分
1	器皿清洁干净、个人卫生达标	10	
2	腊鸭斩块大小一致	20	
3	味道咸鲜香辣	30	
4	鸭肉软烂入味	30	
5	卫生打扫干净、工具摆放整齐	10	

实训 6
霉干菜扣肉

一、原料配备

主料：带皮五花肉800g。

配料：霉干菜100g。

调料：色拉油1500g（实耗75g），盐5g，味精3g，酱油5g，甜酒汁500g，辣椒粉30g，茶油75g。

二、操作流程

1. 将五花肉燎毛刮洗干净，霉干菜用冷水浸泡30min，清洗干净，挤干水分。

2. 在锅中加入冷水，放入猪五花肉煮至成熟，捞出沥干水分，将净锅置旺火上，下霉干菜炒干水分，调入色拉油、盐、味精、辣椒粉翻炒均匀，盛出待用。将净锅置旺火上，倒入色拉油烧至七成热，将猪五花肉擦干表面水分，抹上甜酒汁，下油锅炸至深红色捞出，放入猪肉原汤中泡至肉皮起皱。

3. 将五花肉切成10cm长、0.5cm厚的片，表皮朝下整齐摆放在碗底，剩余的边角料和瘦肉呈T形摆放在碗的边缘，撒上适量的盐、味精、酱油、甜酒汁，将霉干菜均匀地铺在五花肉上，淋入茶油。

4. 待蒸柜上汽，将装有五花肉、霉干菜的碗放入蒸柜，蒸制2h后取出，反扣在盘中，成菜。

三、成品特点

色泽深红，霉干菜香味突出，咸鲜香辣，扣肉肥而不腻、瘦而不柴，入口即化。

四、操作关键

1. 五花肉燎毛后需刮洗干净，霉干菜需洗净泥沙。

2. 五花肉煮至用筷子能轻易掐入即可。

3. 炸制捞出时注意保持五花肉表皮不破，浸入原汤中使肉皮起皱。

4. 采用旺火长时间蒸制的方法，至五花肉出油。

5. 五花肉和霉干菜蒸制成熟后，扣入盘中需保持圆形。

五、评价标准

总得分

项次	项目及技术要求	分值设置	得分
1	器皿清洁干净、个人卫生达标	10	
2	五花肉厚薄均匀	20	
3	虎皮清晰、肉皮不破、入口即化	30	
4	味道咸鲜、香辣、五花肉出油	30	
5	卫生打扫干净、工具摆放整齐	10	

一、原料配备

主料：腊鱼尾200g，腊肉200g。

配料：尖红椒100g。

调料：色拉油1000g（实耗50g），味精2g，干辣椒粉20g，酱油3g，浏阳豆豉15g，茶油75g，葱15g。

二、操作流程

1. 将腊鱼尾用温水浸泡60min去除盐分，腊肉用温水清洗干净，尖红椒去蒂与浏阳豆豉、葱分别清洗干净。

2. 将腊肉切成5cm长、5cm宽、0.2cm厚的片，尖红椒切碎，葱切成葱花。

3. 将净锅置旺火上，加水烧开，加入腊肉焯水捞出，锅洗净，加色拉油烧至六成热，下入鱼尾炸至金黄，捞出沥油，将鱼尾、腊肉摆入碗中，加入酱油和适量水，放入豆豉、干辣椒粉、味精，撒上尖红椒碎，淋入茶油。

4. 待蒸柜上汽，将鱼尾和腊肉放入蒸柜蒸制30min，成熟后取出，撒葱花，成菜。

三、成品特点

味道咸鲜香辣，腊肉肥而不腻，鱼尾酥软，腊香味突出。

四、操作关键

1. 腊鱼尾、腊肉用温水浸泡清洗，去除部分盐分。

2. 鱼尾需要进行炸制，防止蒸制过程中松散。

3. 采用旺火沸水速蒸的方法，蒸制腊鱼尾酥软，腊肉软烂。

五、评价标准

总得分

项次	项目及技术要求	分值设置	得分
1	器皿清洁干净、个人卫生达标	10	
2	腊肉厚薄均匀、大小一致	30	
3	鱼尾金黄	30	
4	味道咸鲜香辣、鱼尾酥软	20	
5	卫生打扫干净、工具摆放整齐	10	

实训 8 干辣椒蒸猪耳

一、原料配备

主料： 腊猪耳400g。

配料： 尖红椒100g。

调料： 茶油75g，干辣椒粉20g，盐3g，味精2g，浏阳豆豉15g，葱15g，蒜子20g。

二、操作流程

1. 将腊猪耳刮洗干净，尖红椒去蒂与浏阳豆豉、葱分别清洗干净。

2. 将腊猪耳切成0.2cm厚的片，尖红椒切段，蒜子切碎，葱切成葱花。

3. 将净锅置旺火上，加入适量水，下猪耳焯水捞出；净锅入油烧至六成热，下蒜子、尖红椒段爆香，加入腊猪耳，用盐、味精调味，翻炒均匀，装入碗中，撒上豆豉、干辣椒粉，淋入茶油。

4. 待蒸柜上汽，将猪耳放入蒸柜蒸制15min至成熟，取出，撒葱花即可。

三、成品特点

猪耳脆嫩，豆豉香味突出，味道咸鲜香辣。

四、操作关键

1. 猪耳刮洗干净，焯水去除表面油脂和异味。

2. 腊猪耳切片厚薄均匀一致。

3. 蒸制时间不宜过长，保持猪耳的脆嫩。

五、评价标准

总得分

项次	项目及技术要求	分值设置	得分
1	器皿清洁干净、个人卫生达标	10	
2	猪耳厚薄均匀一致	30	
3	豆豉香味突出、味道咸鲜香辣	30	
4	猪耳脆嫩	20	
5	卫生打扫干净、工具摆放整齐	10	

思考题 ～～～～～～～～～～～～～～～～～～～～～～～～～～～～～～～～～～

1. 清蒸的技术关键有哪些?
2. 湖南的粉蒸菜肴,蒸肉粉如何调配?
3. 浏阳蒸菜常使用哪几种调料?
4. 豉油蒸的工艺流程有哪些?

模块五

其他特殊烹调方法

　　烹调方法除了油传热、水传热、汽传热外还有一些特殊技法，如以糖为主要赋味、赋型、赋质原料的烹调方法，以糖成菜的烹调方法有拔丝、蜜汁和挂霜，这类菜肴对糖的熬制火候掌控要求较高，成菜具有香甜适口而不腻的特点。

　　《古史考》说："燧人氏钻火，始裹肉而燔之，曰炮"，这便是我国烹饪中用火烤烧技术的起源。熏、烤属于干燥性的加热，食物在这种加热过程中，外表的水分极易蒸发，汁浆排出后就在食物表面凝固，因此外皮较为脆硬。烤、熏后色泽美观，食之别有风味。

1. 了解各类烹调方法的概念、工艺和操作关键。
2. 掌握常见各类烹调方法代表菜肴的操作过程和关键点。
3. 能合理利用所学知识进行烹调方法的选择。

1. 蜜汁类湘菜烹调
2. 挂霜类湘菜烹调
3. 拔丝类湘菜烹调
4. 熏类湘菜烹调
5. 烤类湘菜烹调

项目一
蜜汁、挂霜、拔丝类湘菜烹调

项目导读

　　蜜汁、挂霜、拔丝是利用加热的方法使糖熔化，使蔗糖由结晶状态转化为液态，最后形成无定型的琉璃体。本项目主要讲解蜜汁、挂霜、拔丝烹调方法的定义、工艺流程、操作关键、成品特点和代表菜肴制作方法等。

实训任务

任务	任务编号	任务内容
任务1　蜜汁类湘菜烹调	实训1	蜜汁藕丸
	实训2	蜜汁山药
	实训3	蜜汁麻丸
	实训4	桂花糯米藕
任务2　挂霜类湘菜烹调	实训1	挂霜馒头
	实训2	挂霜花生
任务3　拔丝类湘菜烹调	实训1	拔丝香蕉
	实训2	拔丝土豆
	实训3	拔丝蜜橘

实训方法

任务1　蜜汁类湘菜烹调

任务导读

一、定义

　　蜜汁是指将白糖、蜂蜜在适量清水中溶化，放入加工处理过的原料，经熬或蒸制，使之甜味渗透、质地软糯、糖汁浓稠的一种烹调方法。

二、工艺流程

选料 → 原料初加工 → 刀工成形 → 熬糖 → 加入原料 → 熟制 → 装盘成菜

三、技术关键

　　1. 蜜汁选料广泛，水果、干果、甘薯等均可蜜制。

　　2. 蜜汁菜肴要将糖汁收稠，使糖汁渗透入味，并均匀裹覆在原料表面。

　　3. 把握好糖浆的浓度和甜度。用火腿、香肠、腊鱼等带咸味的原料制作时，糖浆浓度要稍稀些；用苹果、香蕉等原料制作时，糖浆浓度可稠些。糖浆的甜度以能表现出原料本身的滋味和不腻嘴为宜。

　　4. 制作蜜汁菜肴的最佳温度为100℃，蔗糖和水融合一体，形成黏透明液。

　　5. 蜜汁菜肴要求达到浓香肥糯、绵软酥烂的效果，对于不易酥烂的原料要预先加热处理。

　　6. 在熬糖汁时，大多适当加些桂花酱、玫瑰酱、椰子酱、山楂酱、蜜饯、牛奶、芝麻等增味增香的原料，用以丰富口味。

四、成品特点

　　糖汁肥糯香甜，光亮透明，原料绵软酥烂。

任务目标

　　1. 了解蜜汁的定义、工艺流程、成品特点和代表菜品。

　　2. 熟悉烹调方法蜜汁的原料选择要求、初加工方法和技术关键。

　　3. 掌握常见蜜汁类湘菜的制作方法。

实训 1
蜜汁藕丸

一、原料配备

主料： 鲜藕800g。

调料： 色拉油1000g（实耗100g），白糖80g，桂花糖30g，水淀粉20g，面粉100g，糯米粉150g。

二、操作流程

1. 将藕洗净、去皮，用擂钵擂成蓉状，挤干水分。

2. 将擂好的藕蓉加适量面粉、糯米粉搅拌均匀，挤成直径3cm的丸子；将净锅置旺火上，倒入色拉油，烧至五成热时将藕丸放入锅中炸制定型捞出，待油温升至六成热时复炸至金黄，倒出沥油。

3. 将锅洗净，加入白糖和水，加热溶化后下入藕丸煮沸，转小火加热10~15min，待丸子软后大火收汁至糖汁浓稠，加入桂花糖溶化，少量水淀粉勾薄芡，出锅，装盘成菜。

三、成品特点

色泽金黄，甜香软糯。

四、操作关键

1. 藕需擂成蓉状，加适量面粉、糯米粉搅拌均匀，挤成大小均匀的藕丸。

2. 藕丸需炸制两道，第一道油温在五成热下锅，第二道油温六成热时小火慢炸至色泽金黄。

3. 糖与水的比例为1∶2，熬至呈黏透明液。

4. 加热时间需达到藕丸绵软酥烂。

五、评价标准

总得分

项次	项目及技术要求	分值设置	得分
1	器皿清洁干净、个人卫生达标	10	
2	藕丸大小均匀	20	
3	蜜汁黏稠晶莹	30	
4	色泽金黄、桂花香气浓郁	30	
5	卫生打扫干净、工具摆放整齐	10	

实训
2

蜜汁山药

一、原料配备

主料：山药200g。

调料：白糖100g，桂花糖10g，水淀粉20g。

二、操作流程

1. 将山药去皮，清洗干净，改刀切成4cm长的条，泡水待用。

2. 将净锅置旺火上，山药放入沸水锅中焯水，捞出沥干水分，锅洗净放清水和白糖小火溶化，加入山药旺火烧沸，转中小火熬至糖汁稠浓，山药软糯，放入桂花糖，加水淀粉勾薄芡，出锅，装盘成菜。

三、成品特点

光亮透明，糖汁黏稠，质地软糯，桂花香味浓郁。

四、操作关键

1. 山药改段切条需长短一致，粗细均匀。

2. 山药需焯水处理，去除表面黏液。

3. 糖与水的比例恰当，控制在1：2。

4. 中小火熬制糖汁时温度控制在100~110℃，糖液呈黏稠透明。

五、评价标准

总得分

项次	项目及技术要求	分值设置	得分
1	器皿清洁干净、个人卫生达标	10	
2	山药长短一致	20	
3	糖液黏稠透明	30	
4	质地软糯、味道甜蜜	30	
5	卫生打扫干净、工具摆放整齐	10	

实训 3
蜜汁麻丸

一、原料配备

主料： 干糯米粉120g。

配料： 白芝麻100g。

调料： 色拉油1000g（约耗80g），白糖150g，水淀粉30g。

二、操作流程

1. 将干糯米粉装入碗中，加入适量的开水揉匀成粉团，白芝麻平铺在大平盘中。
2. 将揉好的粉团逐个搓揉成直径约1.5cm左右的圆球，放入平盘中裹上芝麻，成麻丸生坯。
3. 将净锅置旺火上，倒入色拉油烧至四成热，将麻丸生坯投入油锅炸至蓬松、色泽金黄时倒入漏勺沥油。
4. 将净锅置旺火上，加入白糖和清水用小火熬至糖汁稠浓，用水淀粉勾芡，淋少许明油，倒入麻丸颠翻均匀，装盘即可。

三、成品特点

汤汁稠浓，香酥、甘甜、软糯。

四、操作关键

1. 在制作粉团时，粉团要揉匀揉透，一定要用开水调揉，否则油炸时会爆裂。
2. 揉制成形时麻丸大小要均匀，芝麻要黏牢。
3. 在炸制时要严格控制火候，防止高温造成爆裂而烫伤，防止颜色过深而芝麻焦煳。
4. 在烹调成菜时火力不能太大，防止汤汁烧焦变色，勾芡后再投主料，防止回软而失去香酥的质感。

五、评价标准

总得分

项次	项目及技术要求	分值设置	得分
1	器皿清洁干净、个人卫生达标	10	
2	操作姿势得当、规格符合标准	20	
3	麻丸大小均匀、炸制成形饱满	30	
4	火候控制得当、勾芡效果要好	30	
5	卫生打扫干净、工具摆放整齐	10	

实训 4 桂花糯米藕

一、原料配备

主料： 鲜藕1000g。

配料： 糯米200g，红曲米50g。

调料： 冰糖200g，白糖100g，桂花糖25g。

二、操作流程

1. 将藕洗净，去皮，切去两端藕节（藕节留着待用），使藕孔露出，再将孔内泥沙洗净，沥干水分。

2. 将糯米淘洗干净后浸泡1h待用，晾干水分，在藕的开口处将糯米灌入，用竹筷子将末端塞紧，然后在切开处，将切下的藕节合上，再用小竹扦扎紧，以防漏米。

3. 在高压锅中先放入灌好糯米的藕，再放入清水（水以没过藕为限）中，加入冰糖、红曲米，用旺火烧开后转用中小火压制，藕变红色、软烂时取出凉凉，切成1.5cm厚的片摆入碗内。锅洗净，加入白糖、桂花糖和适量清水，中小火熬至糖汁黏稠，浇淋在藕上即可。

三、成品特点

色泽红亮，软糯香甜。

四、操作关键

1. 糯米浸泡时间充分，用筷子压实在藕孔内。

2. 火候控制恰当，中小火熬至糯米藕软烂上色。

3. 糖与水的比列恰当，甜而不腻。

五、评价标准

总得分

项次	项目及技术要求	分值设置	得分
1	器皿清洁干净、个人卫生达标	10	
2	藕段长短一致	20	
3	糖汁晶莹透亮	30	
4	质地软糯、滋味香甜	30	
5	卫生打扫干净、工具摆放整齐	10	

任务2 挂霜类湘菜烹调

任务导读

一、定义

挂霜指将经过炸制的小型原料投入已熬制好的糖浆中，边翻炒边降温直至糖浆再次结晶并形成白霜，均匀包裹在原料外层的一种烹调方法。

二、工艺流程

三、技术关键

1. 原料常选择根茎蔬菜、鲜果、干果等。
2. 要求刀工整齐，尽量保证原料外观的完整，初加工时去皮、壳、核、籽等，一般要进行炸制处理。
3. 采用水熬糖方法，水与糖的比例为2∶1为佳，慢火熬制直至冒大泡时加入原料。
4. 挂霜要均匀，可使用冷风辅助降温。

四、成品特点

外观整齐，质地酥脆，味道甜蜜，形似白霜覆盖。

任务目标

1. 了解挂霜的定义、工艺流程、成品特点和代表菜品。
2. 熟悉烹调方法挂霜的原料选择要求、初加工方法和技术关键。
3. 掌握常见挂霜类湘菜的制作方法。

一、原料配备

主料： 馒头250g。

调料： 色拉油1000g（实耗100g），白糖150g。

二、操作流程

1. 撕掉馒头皮，切成1cm见方的丁。
2. 将净锅置旺火上，倒入色拉油，烧至五成热，将馒头丁下锅炸至色泽金黄时捞出沥油。
3. 将净锅添少许水，下入白糖，用中小火熬至糖液呈小而均匀的气泡，由稀糖液至汁浓发白时，下入炸好的馒头丁，离火，不停搅动，待糖浆均匀裹到馒头上凝固，表面形成白细结晶时，出锅，装盘成菜。

三、成品特点

色泽洁白，外酥里软。

四、操作关键

1. 馒头切丁需大小均匀。
2. 油温控制得当，六成热炸至馒头色泽金黄。
3. 熬糖火力要小，防止焦黄。
4. 原料放入糖浆中要迅速翻炒均匀，使表面形成白细结晶。

五、评价标准

总得分

项次	项目及技术要求	分值设置	得分
1	器皿清洁干净、个人卫生达标	10	
2	馒头丁大小均匀	20	
3	色泽洁白、挂霜均匀	30	
4	质地外酥里软	30	
5	卫生打扫干净、工具摆放整齐	10	

实训2 挂霜花生

一、原料配备

主料： 花生米250g。

调料： 色拉油500g（实耗100g），白糖100g。

二、操作流程

1. 将花生米拣去杂物，用碗装好待用。
2. 将净锅置旺火上，倒入色拉油，花生冷油下锅，中小火慢炸，待花生在油中不再冒泡时捞出，放凉。
3. 将净锅加水、放糖，中小火加热，不断搅拌，待糖浆冒小而均匀的气泡且由稀变浓稠时，倒入花生，锅离火，迅速用手勺翻拌均匀，待花生米表面形成白细结晶时，出锅，装盘成菜。

三、成品特点

色泽洁白似霜，外甜里脆。

四、操作关键

1. 花生米要冷油下锅，小火慢炸，炸至酥脆。
2. 熬糖时要控制好火候，待糖浆冒小而均匀的气泡且由稀变浓稠时即可。
3. 拌匀后离火拨散冷凉。

五、评价标准

总得分

项次	项目及技术要求	分值设置	得分
1	器皿清洁干净、个人卫生达标	10	
2	花生米炸制脆而不焦	20	
3	挂霜均匀	30	
4	口感酥脆香甜	30	
5	卫生打扫干净、工具摆放整齐	10	

任务3　拔丝类湘菜烹调

任务导读

一、定义

拔丝又称拉丝，是指将原料经过初加工，刀工成形，原料初熟处理，拍粉、挂上脆浆糊，入油锅炸至定型后，投入熬好的糖浆中拌匀，立即出锅能用筷子将原料拔出丝的一种烹调方法。

二、工艺流程

三、技术关键

1. 菜肴原料一般选择水果、根茎类蔬菜或去骨的肉类和蛋类等。
2. 要求刀工整齐，尽量保证原料外观的完整。
3. 脆浆糊中淀粉、面粉、泡打粉配比合理，加水适中，调制浓稠得当。
4. 炒糖时，手勺要不停地搅动，以便糖浆受热均匀。
5. 成菜装盘时，在盘底刷上油撒上白糖防止原料粘连盘底。

四、成品特点

色泽金黄、光亮，糖丝细长，香滑浓甜，外脆里软。

任务目标

1. 了解拔丝的定义、工艺流程、成品特点和代表菜品。
2. 熟悉烹调方法拔丝的原料选择要求、初加工方法和技术关键。
3. 掌握常见拔丝类湘菜的制作方法。

实训 1 拔丝香蕉

一、原料配备

主料：香蕉200g。

调料：色拉油1000g（实耗100g），泡打粉10g，白糖100g，面粉100g，淀粉100g。

二、操作流程

1. 将香蕉去皮切成2cm厚的块，将面粉、淀粉按照1∶1的比例，加入适量水搅拌均匀，加入泡打粉搅拌制成脆浆糊待用。

2. 将净锅置旺火上滑油，锅中加入油烧至五成热，将香蕉裹上脆浆糊放入锅中炸至定型捞出、修整，待油温升至六成热，将修整好的香蕉放入锅中复炸，炸至香蕉表面金黄时捞出沥油。

3. 将净锅置旺火上，放50g油，加入白糖，烧至三成热，中小火炒至糖浆无响声、手勺舀糖浆有柔和质感、并能在空中落成一线时，倒入炸好的香蕉，快速翻拌，使糖液均匀裹在香蕉上，盘中抹油，将香蕉装入盘中，用筷子迅速拔丝即可。

三、成品特点

色泽金黄，糖浆牵丝不断，晶莹透亮，香甜，外脆里软。

四、操作关键

1. 香蕉切块成形大小要均匀。

2. 调糊时面粉与淀粉的比例以1∶1为宜，搅拌均匀，防止脆浆糊起筋。

3. 熬糖时火力不能太大，观察糖浆的变化，防止晶体重组。

4. 装盘时应先在盘子上抹一层热油或撒白糖，以防糖浆冷却后黏住盘底。

五、评价标准

总得分

项次	项目及技术要求	分值设置	得分
1	器皿清洁干净、个人卫生达标	10	
2	脆浆糊调制浓稠得当	20	
3	香蕉成形大小一致	30	
4	色泽金黄、糖浆牵丝不断	30	
5	卫生打扫干净、工具摆放整齐	10	

实训
2

拔丝土豆

一、原料配备

主料：土豆250g。

调料：色拉油1000g（实耗100g），泡打粉20g，白糖100g，面粉100g，淀粉100g。

二、操作流程

1. 将土豆洗净、去皮、修理成形，改菱形块。
2. 将面粉、淀粉按照1∶1的比例，加入适量水，搅拌均匀，加入泡打粉搅拌制成脆浆糊待用。
3. 将净锅置旺火上，倒入色拉油，烧至四成热，土豆块裹糊下锅炸至定型，捞出修理，待油温升至五成热，下锅复炸至表面金黄酥脆，捞出沥油。
4. 锅上火，倒入色拉油，加入白糖，烧至三成热，中小火炒至糖浆无响声、手勺舀糖浆有柔和质感、并能在空中落成一线时，倒入炸好的土豆块，快速翻拌，使糖液均匀裹在土豆块上，盘中抹油，将土豆块装入盘中，用筷子迅速拔丝即可。

三、成品特点

色泽金黄，糖浆牵丝不断，晶莹透亮，香甜可口、酥脆。

四、操作关键

1. 土豆切块成形大小要均匀。
2. 调糊时面粉与淀粉的比例以1∶1为宜，搅拌均匀，防止脆浆糊起筋。
3. 熬糖时火力不能太大，观察糖浆的变化，防止晶体重组。
4. 在装盘时应事先在盘子上抹一层热油或撒白糖，以防糖浆冷却后黏住盘底或结成大硬糖块。

五、评价标准

总得分

项次	项目及技术要求	分值设置	得分
1	器皿清洁干净、个人卫生达标	10	
2	脆浆糊调制浓稠得当	20	
3	土豆成形大小一致	30	
4	色泽金黄、糖浆牵丝不断	30	
5	卫生打扫干净、工具摆放整齐	10	

实训 3
拔丝蜜橘

一、原料配备

主料： 蜜橘200g。

调料： 色拉油1000g（实耗100g），泡打粉10g，白糖100g，面粉100g，淀粉100g。

二、操作流程

1. 将橘子去皮撕掉筋膜，逐瓣分开，去除表皮，拍粉待用。
2. 将面粉、淀粉按照1∶1的比例，加入适量水，搅拌均匀，加入泡打粉搅拌制成脆浆糊待用。
3. 将净锅置旺火上，锅中倒入色拉油烧至五成热，将橘瓣裹上脆浆糊放入锅中炸至定型捞出、修整，待油温升至六成热，将修整好的橘瓣放入锅中复炸，炸至橘瓣表面金黄时捞出沥油。
4. 将净锅置旺火上，放入30g油，加入白糖，中小火炒至栗黄色倒入炸好的橘瓣，快速翻拌，使糖液均匀裹在橘瓣上，盘中抹油，将橘瓣装入盘中，用筷子迅速拔丝即可。

三、成品特点

色泽金黄，糖浆牵丝不断，晶莹透亮，外脆里软，橘香浓郁。

四、操作关键

1. 调糊时面粉与淀粉的比例以1∶1为宜，搅拌均匀，防止脆浆糊起筋。
2. 熬糖时火力不能太大，观察糖浆的变化，防止晶体重组。
3. 在装盘时应事先在盘子上抹一层热油，以防糖浆冷却后黏住盘底或结成大硬糖块。

五、评价标准

总得分

项次	项目及技术要求	分值设置	得分
1	器皿清洁干净、个人卫生达标	10	
2	脆浆糊调制浓稠得当	20	
3	橘瓣成形大小一致	30	
4	色泽橘黄、糖浆牵丝不断	30	
5	卫生打扫干净、工具摆放整齐	10	

思考题

1. 蜜汁、挂霜、拔丝熬糖的温度分别在多少摄氏度?
2. 根据传热介质的不同,拔丝菜肴熬糖方法有哪些?
3. 蜜汁如何选料?
4. 挂霜的成菜特点有哪些?

项目二
熏、烤类湘菜烹调

项目导读

　　熏最初是用来延长食物的储藏，经过熏制的食物外部失去部分的水分而干燥，熏烟渗入食品内部形成独特的风味，在宋代就有史料记载熏这种烹调方法。在冬至到来时，不仅是宣告一年中最冷时节的到来，也是湖南人最忙碌的一天，农家人在这一天都要熏制腊味。熏又可以根据原料的生熟分为生熏和熟熏。

　　烤是最古老的烹饪方法，自从人类发明了火，懂得熟食的美妙滋味时，就一直将这种烹调方法演变至今，烤已经发生了重大变化，更丰富的使用了调料和调味方法，改善了口味。烤的方法在湖南运用广泛，从高档宴席到夜宵摊都可以见到，根据烤制的方法可以分为挂炉烤、焖炉烤、烤盘烤、叉烤、串烤、网夹烤等。

实训任务

任务	任务编号	任务内容
任务1　熏类湘菜烹调	实训1	熏鸡
	实训2	熏鸭
任务2　明炉烤类湘菜烹调	实训1	烤羊肉串
	实训2	蒜香烤鱿鱼
任务3　暗炉烤类湘菜烹调	实训1	叉烧肉
	实训2	烤鸭

实训方法

任务1　熏类湘菜烹调

任务导读

一、定义

    熏是指利用熏料的不完全燃烧所生成的热烟气使生料或熟处理后的烹饪原料进一步成熟、上色并吸附特色香气的一种烹调方法。

二、工艺流程

选料 → 原料初加工 → 腌制入味 → 初步熟处理 → 熏制 → 辅助调味 → 成菜

三、技术关键

    1. 熏料可选择白糖、茶叶、香料、花生壳、稻米、松针等带有芳香味的燃料，引燃后使其不完全燃烧而生烟，以烘熏原料。

    2. 烟熏原料较广泛。一般来说，整鸡、整鸭、大块肉品以熟熏为主；鱼类、灌肠类等鲜嫩易熟、体扁薄的原料以生熏为主。

    3. 熏料一般先浸湿，以产生蒸汽和浓烟，使原料受到蒸和熏两道加热，以助于原料成熟。

    4. 原料与烟源的距离以5～8cm为好。这样既有一定距离，又使烟气能充分与原料接触。

    5. 熏制时间一般从冒汽后开始，烟熏10min即可，生熏时间应略长些。

四、成品特点

    色泽黄亮，有特殊的烟熏香味，外香酥里软嫩。

任务目标

    1. 了解熏的定义、工艺流程、成品特点和代表菜品。

    2. 熟悉烹调方法熏的原料选择要求、初加工方法和技术关键。

    3. 掌握常见熏类湘菜的制作方法。

实训1

熏鸡

一、原料配备

主料： 嫩鸡1只（重约1000g）。

熏料： 大米50g，白糖25g，茶叶25g，碎木炭500g。

调料： 盐10g，料酒50g，酱油25g，白糖40g，香油25g，姜15g，葱15g，花椒籽5g。

二、操作流程

1. 将鸡宰杀，去净毛，开膛去内脏洗净，沥干水分。

2. 用盐、料酒、酱油、白糖、拍破的葱、姜和花椒籽将鸡腌制3h（在鸡脯和鸡腿等肉厚处用食盐揉搓，腹内撒盐，使其入味均匀，渗入鸡肉）。把腌好的鸡放入蒸柜内蒸30min取出，拣出葱、姜、花椒籽，沥干水分待用。

3. 在双耳锅内放碎木炭、大米、茶叶、白糖，然后放上铁丝架，将鸡放在铁丝架上面，盖上盖。将锅上火加热，冒大烟时端离火口，把鸡熏至金黄色时取出，砍成条状，装盘，淋上香油即成。

三、成品特点

烟香味浓，味道鲜美。

四、操作关键

1. 需要将鸡肉腌制入味。

2. 火候控制得当，烟量足够。

五、评价标准

总得分

项次	项目及技术要求	分值设置	得分
1	器皿清洁干净、个人卫生达标	10	
2	鸡肉砍成条状、大小均匀	20	
3	烟味浓香、味道鲜美	30	
4	卫生打扫干净、工具摆放整齐	10	

实训 2

熏鸭

一、原料配备

主料：嫩鸭1只（重约1000g）。

熏料：大米50g，白糖25g，粗茶叶25g，碎木炭500g。

调料：盐10g，料酒50g，酱油25g，白糖40g，香油25g，姜15g，葱15g，花椒籽5g。

二、操作流程

1. 将鸭宰杀，去净毛，开膛去内脏洗净，沥干水分。

2. 用盐、料酒、酱油、白糖、拍破的葱、姜和花椒籽将鸭腌约3h（在鸭脯和鸭腿等肉厚处用食盐揉搓，腹内撒盐，使其入味均匀，渗入鸭肉）。把腌好的鸭放入蒸柜内蒸30min取出，拣出葱、姜、花椒籽，沥干水分待用。

3. 在双耳锅内放碎木炭、大米、茶叶、白糖，然后放上铁丝架，将整鸭放在铁丝架上面，盖上盖。将锅上火加热，冒大烟时端离火口，直到烟把整鸭熏至金黄色时取出，连骨砍成条，装盘，淋上香油即成。

三、成品特点

烟香味浓，味道鲜美。

四、操作关键

1. 需要将鸭肉腌制入味。

2. 火候控制得当，烟量足够。

五、评价标准

总得分

项次	项目及技术要求	分值设置	得分
1	器皿清洁干净、个人卫生达标	10	
2	外形完整	20	
3	色泽金黄	30	
4	烟香味浓、味道鲜美	30	
5	卫生打扫干净、工具摆放整齐	10	

任务2 明炉烤类湘菜烹调

任务导读

一、定义

明炉烤是将处理好的原料架于敞口的火炉或火盆上，利用明火燃烧产生的辐射热，将原料加热成菜的一种烹调方法。

二、工艺流程

选料 → 原料初加工 → 刀工成形 → 腌制入味 → 烤制 → 辅助调味 → 成菜

三、技术关键

1. 烤制的菜肴应选用外表皮完整的原料，如鸡、鸭、鱼等。

2. 烤制过程中，一般不进行调味。一是在烤前进行腌制入味；二是原料在烤制成熟后蘸调味品食用。

3. 食材不可直接放在冒浓烟的火上直接烤制，以免影响原料的色泽，易造成食品污染，也会造成外焦内不熟的现象。

4. 烤制时间要根据原料体积大小而定，同时经常翻转原料，防止烤焦煳。

5. 烤制时需要将原料上烤叉、烤签、网夹等。

四、成品特点

色泽红亮，外皮松脆，肉质鲜嫩，焦香浓郁。

任务目标

1. 了解明炉烤的定义、工艺流程、成品特点和代表菜品。
2. 熟悉烹调方法明炉烤的原料选择要求、初加工方法和技术关键。
3. 掌握常见明炉烤类湘菜的制作方法。

实训 1　烤羊肉串

一、原料配备

主料：羊后腿肉1000g，羊油100g。

配料：洋葱100g，姜40g，法香20g，鸡蛋3个。

调料：盐15g，鸡粉20g，味精15g，十三香15g，肉串调料20g，姜黄粉20g，辣椒面15g，孜然15g，色拉油50g，咖喱粉25g，面粉100g，水150g。

二、操作流程

1. 将洋葱去皮、姜去皮洗净，法香、羊肉洗净备用。
2. 制糊：将洋葱切碎、姜切片放入搅拌机中，加入盐、味精、鸡蛋、肉串调料、姜黄粉、咖喱粉、面粉、鸡粉、十三香和水搅打成糊，倒出备用。
3. 将羊肉切成1.5cm见方的块，羊油切成1.5cm见方的块，穿在铁钎上。
4. 烤炉加热，将羊肉串挂上糊，烤至定型刷上油，再加热烤至成熟，撒上盐、辣椒面、孜然、装入盘中，点缀法香即可。

三、成品特点

外焦里嫩，香气扑鼻，咸鲜香辣。

四、操作关键

1. 一般选用肉精且肥瘦合适的羊后腿肉。
2. 羊肉切配不宜过大，需提前腌制入味。
3. 按照两瘦夹一肥的标准，让羊肉均匀成串。
4. 需猛火烤制，一面定型上色后再烤另一面，烤出羊肉本身的油脂，用刷子使烤出的油脂均匀分布，最大程度突出羊肉本身的肥美。

五、评价标准

项次	项目及技术要求	分值设置	得分
		总得分	
1	器皿清洁干净、个人卫生达标	10	
2	羊肉大小均匀	20	
3	香气扑鼻、无明显腥膻味	30	
4	外焦里嫩、咸鲜香辣	30	
5	卫生打扫干净、工具摆放整齐	10	

实训 2 蒜香烤鱿鱼

一、原料配备

主料： 鱿鱼500g。

调料： 盐3g，色拉油20g，料酒15g，酱油3g，蒜子50g，辣椒粉15g，香油10g。

二、操作流程

1. 鱿鱼从中间切开，去骨、内脏、眼睛清洗干净。
2. 蒜子切碎，鱿鱼剞十字花刀，加蒜、料酒、盐、酱油腌制1h。
3. 将鱿鱼用网夹夹住，刷上色拉油，放在烤炉上，烤至成熟，去掉网夹，在烤好的鱿鱼表面抹上香油，撒上辣椒粉即可。

三、成品特点

蒜香浓郁，肉质脆嫩，咸鲜香辣。

四、操作关键

1. 鱿鱼剞十字花刀，间距均匀。
2. 鱿鱼腌制入味，调味准确。
3. 采用中小火慢烤，烤制时不断地翻动，保持火力均匀。

五、评价标准

总得分

项次	项目及技术要求	分值设置	得分
1	器皿清洁干净、个人卫生达标	10	
2	鱿鱼外观整齐完整	20	
3	肉质脆嫩	30	
4	口味咸鲜香辣、蒜香浓郁	30	
5	卫生打扫干净、工具摆放整齐	10	

任务3　暗炉烤类湘菜烹调

一、定义

暗炉烤是将原料置于封闭的烤炉中，利用辐射热将原料烤熟的一种烹调方法。

二、工艺流程

选料 → 原料初加工 → 腌制入味 → 烤制 → 刀工成形 → 辅助调味 → 成菜

三、技术关键

1. 可选择形状较大的动物性原料或植物性原料，如鸡、鱼、猪肉、红薯等。原料既可用生料烤制，也可选择半熟原料或熟料烤制。

2. 原料肉层较厚的部位可剞刀处理，以保证原料入味成熟。

3. 应把握好调味品比例，将原料腌制入味，腌制时间也要根据原料性质适当调整。

4. 烤制时需要将原料挂上烤钩、烤叉或放在烤盘内送进炉中烤制。

四、成品特点

外焦里嫩，色泽美观，香气馥郁。

任务目标

1. 了解暗炉烤的定义、工艺流程、成品特点和代表菜品。
2. 熟悉烹调方法暗炉烤的原料选择要求、初加工方法和技术关键。
3. 掌握常见暗炉烤类湘菜的制作方法。

实训1
叉烧肉

一、原料配备

主料：带皮猪五花肉800g。

调料：盐5g，酱油5g，白糖10g，料酒25g，香油10g，葱10g，姜10g，叉烧酱20g，小米辣10g。

二、操作流程

1. 将五花肉、葱、姜、小米辣清洗干净。小米辣切碎待用。

2. 将五花肉切成5cm宽、3cm厚的长条，加葱、姜、小米辣、盐、酱油、叉烧酱、料酒、白糖腌制2h。

3. 用木炭将烤炉烧红，把腌好的五花肉挂入烤炉，中小火慢烤，烤至外表出油、色泽红亮、香味浓郁时取出凉凉，切片装盘，淋香油即成。

三、成品特点

色泽红亮，香味浓郁，咸甜带辣。

四、操作关键

1. 五花肉改刀长条，宽厚一致。

2. 五花肉腌制入味，上色均匀。

3. 中小火长时间烤，需烤制外表出油、色泽红亮。

五、评价标准

总得分

项次	项目及技术要求	分值设置	得分
1	器皿清洁干净、个人卫生达标	10	
2	叉烧肉大小均匀、厚薄一致	10	
3	色泽红亮	40	
4	肥而不腻、咸甜带辣	30	
5	卫生打扫干净、工具摆放整齐	10	

实训 2

烤鸭

一、原料配备

主料：北京填鸭1只（重约2000g）。

配料：大葱150g，薄饼12张。

调料：色拉油75g，盐20g，味精28g，生抽30g，糖8g，五香粉2g，胡椒粉10g，沙姜粉20g，白醋350g，红醋150g，麦芽糖75g，白酒75g，姜20g，小葱20g，蒜子20g，干葱头20g，芝麻酱20g，柱候酱30g，海鲜酱20g，南乳15g，甜面酱100g。

二、操作流程

1. 将鸭子宰杀去毛，腹部开刀，去内脏清洗干净，姜洗净切片，小葱洗净打结，干葱头洗净拍碎，大葱洗净切成丝。
2. 将净锅置旺火上，锅中入油，下姜、干葱头、小葱、蒜爆香，加入南乳、芝麻酱、柱候酱、海鲜酱、味精、生抽、糖加热搅拌均匀，塞入鸭腹腔内抹均匀，将盐、五香粉、胡椒粉、沙姜粉混合均匀抹在鸭肉上，用铁扦密封开口，腌制2h后将鸭子打气至皮肉分离，挂在通风处吹干水分。
3. 在盆中倒入开水400g，加入麦芽糖、白醋、红醋、白酒搅拌至麦芽糖溶化，制成脆皮水待用。
4. 用开水浇淋在鸭子表面至皮收缩，再均匀地浇淋上脆皮水，挂至通风处10h，晾干表皮水分。
5. 烤箱开火，将鸭子放在烤炉中，用中火烤制45min至表皮红亮、酥脆拿出。将鸭皮片出装盘，上桌时带上大葱丝、甜面酱和薄饼即可。

三、成品特点

色泽红亮，表皮酥脆，完整不破，味道咸鲜香甜。

四、操作关键

1. 鸭子宰杀干净，无鸭毛、内脏残留。
2. 鸭子在臀部开5cm左右的口子，不宜开口太大。

3. 打气时应该打至皮肉分离。
4. 腌制时调料抹均匀，腌制时间在2h左右，腌制入味。
5. 开水烫至外皮收缩，脆皮水浇淋均匀。
6. 采用中小火慢烤，烤制时不断地翻动，保持火力均匀，使表皮均匀上色。

五、评价标准

总得分

项次	项目及技术要求	分值设置	得分
1	器皿清洁干净、个人卫生达标	10	
2	色泽金黄、外形完整	20	
3	鸭皮脆嫩、肉质柔嫩	30	
4	味道咸鲜	30	
5	卫生打扫干净、工具摆放整齐	10	

思考题

1. 在湖南，熏制菜肴一般选用哪些熏料？
2. 烤的烹调方法一般可以分为几类？
3. 简述熏制菜肴的成菜特点。
4. 简述烤制菜肴的操作关键。

模块六

湘式冷菜烹调

　　冷菜又称凉菜、凉碟或凉盘，是菜肴制作后凉吃的一类菜肴。冷菜制作在湘菜中应用较为广泛，在宴席中冷菜作为上席的第一道菜，素有"脸面"之称，在日常宴请中冷菜也有着举足轻重的地位。湘菜中冷菜制作方法较多，根据在制作过程中是否经过加热处理，可分为冷制冷吃和热制冷吃两大类；根据调味方式与制作方法的不同，可分为炝、拌、腌、泡、卤等冷菜制作方法。

1. 了解冷菜制作方法的分类。
2. 了解各种冷菜制作方法的概念、工艺和操作关键。
3. 掌握常见的冷菜制作方法、过程和关键点。
4. 能合理利用所学知识解决实际操作中遇到的问题。

1. 炝、拌类湘式冷菜烹调
2. 腌类湘式冷菜烹调
3. 泡、卤类湘式冷菜烹调

炝、拌类湘式冷菜烹调

项目导读

　　湘菜冷菜制作中，炝、拌是使用范围广、普遍常用的冷菜制作方法。炝、拌类菜肴多数现吃现拌，也有的先经过腌制，拌时挤出多余的汁液，再加入调味料调拌而成。通常情况下，炝、拌类菜肴多选择脆嫩的植物性原料和鲜嫩的动物性原料，在热方式上，既可加热后调味成菜，也可不经过加热直接调味拌制成菜，其方法和形式变化多样。炝实质上是拌的一种，与拌最大的区别在于选用的调料是否具有较强的挥发性，很多地方不做区分。

实训任务

任务	任务编号	任务内容
任务1　炝类湘式冷菜烹调	实训1	油炝蚕豆
	实训2	油炝荽瓜
	实训3	油炝板栗
任务2　拌类湘式冷菜烹调	实训1	凉拌黄瓜
	实训2	凉拌莴笋丝
	实训3	凉拌折耳根
	实训4	凉拌腐竹
	实训5	凉拌木耳
	实训6	凉拌猪耳
	实训7	凉拌牛肉

实训方法

教师讲解 → 理论联系实操演示 → 分组讨论 → 学生模拟训练 → 综合评比 → 教师点评 → 实训作业

任务1　炝类湘式冷菜烹调

任务导读

一、定义

炝是将具有挥发性物质的调味品加热出香味后，再加入经焯水、过油或鲜活的细嫩原料翻拌均匀使之入味成菜的冷菜制作方法。

二、工艺流程

选料 → 原料初加工 → 刀工成形 → 熟处理 → 炝制调拌 → 装盘成菜

三、技术关键

1. 炝应选用新鲜、脆嫩、符合卫生标准的原料。

2. 原料在加工时，丝、丁、片、条、块等应大小一致、厚薄均匀，便于成熟、食用。

3. 原料熟处理时的火候要适中，原料断生即可，过老或过软都会影响炝制菜肴的风味。植物性原料在熟处理时，一般要焯水，然后凉凉炝制。动物性原料一般要上浆、滑油或汆烫。滑油的原料，蛋清淀粉浆的干稀薄厚要恰当，油温控制在三四成热（约90～120℃）时下锅；汆烫的原料，其蛋清淀粉浆应稍干燥一点、浓厚一点。

4. 在调料使用上，炝以具有挥发性物质的调料为主，通常以辣椒油、花椒油、山胡椒油、白酒、白醋、芥末为主。

5. 加工时既可趁热炝制，也可冷凉后炝制，通常动物性原料以趁热炝制为宜，植物性原料以凉凉炝制为宜。

四、成品特点

色泽鲜艳，润滑油亮，脆嫩爽口（或滑嫩鲜香），鲜香入味，风味独特。

任务目标

1. 了解炝的定义、工艺流程、成品特点和代表菜品。
2. 熟悉烹调方法炝的原料选择要求、初加工方法和技术关键。
3. 掌握常见炝类湘菜的制作方法。

实训 1

油炝蚕豆

一、原料配备

主料： 蚕豆600g。

调料： 色拉油30g，香油10g，味精2g，盐3g，干辣椒20g，花椒5g。

二、操作流程

1. 将新鲜蚕豆去皮，清洗干净，干辣椒切成1cm长的段。
2. 将蚕豆下入开水锅内煮至断生，捞出过凉，装入碗中。
3. 将干辣椒、花椒爆香，加盐、味精拌匀后盖在蚕豆上，将净锅置旺火上，倒入色拉油烧至六成热浇在蚕豆上，淋上香油拌匀即可。

三、成品特点

色泽碧绿，脆嫩爽口，咸鲜煳辣。

四、操作关键

1. 蚕豆下开水锅焯水，去豆腥味。
2. 油温在六成热，炝出辣椒和花椒的香味即可。
3. 蚕豆焯水煮至断生。

五、评价标准

总得分

项次	项目及技术要求	分值设置	得分
1	器皿清洁干净、个人卫生达标	10	
2	蚕豆色泽碧绿	20	
3	咸鲜煳辣	30	
4	质感鲜嫩	30	
5	卫生打扫干净、工具摆放整齐	10	

实训2

油炝莜瓜

一、原料配备

主料： 莜瓜500g。

调料： 色拉油30g，香油20g，盐3g，味精2g，白糖5g，花椒5g，辣椒节20g。

二、操作流程

1. 将莜瓜去皮清洗干净，去除粗老纤维组织部分，切菱形块。
2. 将莜瓜下入开水锅内焯水，捞出过凉，将辣椒、花椒、盐、味精、白糖炒匀盖在莜瓜上，调味。
3. 将净锅置旺火上，倒入色拉油烧至六成热，浇淋在莜瓜上拌匀，淋入香油，装盘成菜。

三、成品特点

咸鲜烟辣，质地软嫩。

四、操作关键

1. 莜瓜切菱形块大小均匀一致。
2. 油温六成热，炝出辣椒、花椒香味。
3. 莜瓜断生、入味。

五、评价标准

总得分

项次	项目及技术要求	分值设置	得分
1	器皿清洁干净、个人卫生达标	10	
2	莜瓜块大小均匀	20	
3	咸鲜烟辣	30	
4	脆嫩爽口	30	
5	卫生打扫干净、工具摆放整齐	10	

实训3

油烹板栗

一、原料配备

主料：板栗300g。

调料：色拉油1000g（实耗20g），盐3g，味精1g，白糖10g，香油25g，花椒5g。

二、操作流程

1. 将板栗去壳取净肉切片。

2. 将净锅置旺火上，锅内倒入色拉油烧至六成热，下入板栗炸至成熟，捞出冷却，放入碗中，加入盐、味精、白糖调味拌匀。

3. 锅内留少量底油，加热至六成热，下入花椒煸香，浇淋在板栗上拌匀，淋上香油即可。

三、成品特点

香甜可口，质地粉糯，咸鲜煳辣。

四、操作关键

1. 鲜板栗去壳需剞一字刀，再用水煮开，去壳。

2. 油温六成热，煸出辣椒、花椒香味。

五、评价标准

总得分

项次	项目及技术要求	分值设置	得分
1	器皿清洁干净、个人卫生达标	10	
2	刀工精细、板栗厚薄一致	20	
3	香甜可口	30	
4	质地粉糯	30	
5	卫生打扫干净、工具摆放整齐	10	

任务2　拌类湘式冷菜烹调

任务导读

一、定义

拌是将可直接生食的原料或加热成熟后冷凉的熟料，加工处理成丝、丁、片、条等形状，加入调味料直接调制成菜的一种烹调方法。

二、工艺流程

选料 → 原料初加工 → 拌制前处理 → 选择拌制方法 → 调味 → 装盘成菜

三、技术关键

1. 直接拌制类菜肴原则上选用新鲜脆嫩、无虫蛀、无污染的植物性原料及其他可生食的原料。

2. 需要初步熟处理的原料，熟处理时要根据原料的质地和菜肴成菜的质感要求合理控制火候，焯水后应及时过凉处理。

3. 味型把握准确，调制的汤汁浓厚度适中，原料拌和稀释后能正确体现风味和质感，拌菜调味的方式视具体菜肴不同而不同，通常有拌味、淋味、蘸味三种类型。

4. 拌菜装盘、调味和食用要相互配合，装盘和调味后要及时食用。

四、成品特点

色泽鲜艳，香气浓郁，味型准确，清凉爽口，造型美观，少汤少汁，质地多脆、嫩，个别菜品带有韧性。

任务目标

1. 了解拌的定义、工艺流程、成品特点和代表菜品。
2. 熟悉烹调方法拌的原料选择要求、初加工方法和技术关键。
3. 掌握常见拌类湘菜的制作方法。

实训 1
凉拌黄瓜

一、原料配备

主料：黄瓜200g。

调料：香油2g，盐3g，味精1g，陈醋5g，生抽5g，剁辣椒20g，蒜子10g。

二、操作流程

1. 将黄瓜清洗干净去蒂，蒜子去皮洗净。
2. 将黄瓜平刀片开拍破，切成块，剁辣椒、蒜子切碎。
3. 将加工成形的黄瓜块倒入盆中，加入盐、味精、陈醋、生抽、蒜子、剁辣椒、香油拌匀，装盘成菜。

三、成品特点

色泽翠绿，咸鲜酸辣，脆嫩爽口。

四、操作关键

1. 黄瓜切块大小要均匀。
2. 调味准确。
3. 注意食品安全与卫生，避免食品污染。

五、评价标准

总得分

项次	项目及技术要求	分值设置	得分
1	器皿清洁干净、个人卫生达标	10	
2	黄瓜块大小均匀	30	
3	口味鲜辣、脆嫩爽口	30	
4	装盘美观	20	
5	卫生打扫干净、工具摆放整齐	10	

实训 2　凉拌莴笋丝

一、原料配备

主料： 莴笋500g。

配料： 尖红椒50g。

调料： 色拉油10g，香油5g，盐3g，味精1g。

二、操作流程

1. 将莴笋清洗干净去皮，尖红椒清洗干净去蒂去籽待用。
2. 将莴笋切成6cm长、0.2cm粗的丝，尖红椒切丝。
3. 将净锅置旺火上，加入水烧开，加入色拉油，下入莴笋丝、尖红椒丝焯水，捞出用冷水冲凉，沥干水分。
4. 将莴笋丝、尖红椒丝倒入盆中，加香油、盐、味精调味拌匀，装盘成菜。

三、成品特点

色泽碧绿，咸鲜香辣，质地脆嫩。

四、操作关键

1. 莴笋切丝粗细均匀。
2. 莴笋丝开水下锅，焯水时间不宜过久。
3. 调味准确，咸鲜香辣。
4. 注意食品安全与卫生，避免食品污染。

五、评价标准

总得分

项次	项目及技术要求	分值设置	得分
1	器皿清洁干净、个人卫生达标	10	
2	莴笋丝粗细均匀	30	
3	色泽碧绿	20	
4	咸鲜香辣、质地脆嫩	30	
5	卫生打扫干净、工具摆放整齐	10	

実训 3
凉拌折耳根

一、原料配备
主料： 折耳根（鱼腥草）200g。

配料： 小米辣30g，香菜20g。

调料： 盐3g，味精1g，生抽10g，辣椒油20g，香油5g。

二、操作流程
1. 将小米辣去蒂与折耳根、香菜分别清洗干净待用。
2. 将折耳根切成3cm长的段，小米辣切细，香菜切碎。
3. 将折耳根放入碗中，加小米辣、盐、味精、生抽、辣椒油、香油、香菜拌匀，装盘成菜。

三、成品特点
咸鲜香辣，脆嫩爽口，折耳根味道突出。

四、操作关键
1. 折耳根加工前需清洗干净。
2. 折耳根切段长短一致。
3. 注意食品安全与卫生，避免食品污染。

五、评价标准

总得分

项次	项目及技术要求	分值设置	得分
1	器皿清洁干净、个人卫生达标	10	
2	折耳根长短一致	30	
3	咸鲜香辣	30	
4	脆嫩爽口	20	
5	卫生打扫干净、工具摆放整齐	10	

实训 4 凉拌腐竹

一、原料配备

主料： 干腐竹100g。

配料： 香菜50g。

调料： 香油5g，盐3g，味精1g，生抽5g，辣椒油10g，蒜子10g。

二、操作流程

1. 将香菜取梗清洗干净，干腐竹凉水涨发，蒜子去皮。

2. 将腐竹、香菜切成3cm长的段，蒜子切末。

3. 将净锅置旺火上，加入水烧沸，下入腐竹焯水，捞出过凉，沥水待用。

4. 取腐竹和香菜梗放入碗中，加入盐、味精、生抽、辣椒油、蒜末、香油拌匀，装盘成菜。

三、成品特点

咸鲜香辣，质地软嫩。

四、操作关键

1. 干腐竹用冷水浸泡回软即可。

2. 腐竹调拌前一定要经过焯水处理，并用冷水迅速冲凉。

3. 调味准确，咸鲜香辣。

4. 注意食品安全与卫生，避免食品污染。

五、评价标准

总得分

项次	项目及技术要求	分值设置	得分
1	器皿清洁干净、个人卫生达标	10	
2	腐竹长短一致	30	
3	质地软嫩	20	
4	咸鲜香辣	30	
5	卫生打扫干净、工具摆放整齐	10	

实训5

凉拌木耳

一、原料配备

主料： 干云耳50g。

配料： 香菜20g，小米辣20g。

调料： 盐3g，味精1g，生抽10g，陈醋10g，香油20g，蒜子10g。

二、操作流程

1. 将干云耳凉水泡发2h，香菜去根，小米辣去蒂，分别清洗干净，蒜子去皮。
2. 将香菜切成1cm长的小段，小米辣切碎，蒜子切末。
3. 将净锅置旺火上，加入清水烧沸，放入云耳焯水，捞出过凉，沥水待用。
4. 将云耳和小米辣、香菜拌匀，用盐、味精、生抽、陈醋、蒜末、香油调味拌匀，装盘成菜。

三、成品特点

咸鲜香辣，质地爽脆。

四、操作关键

1. 干云耳宜选用冷水泡发。
2. 云耳调拌前需焯水处理，断生即可。
3. 注意食品安全与卫生，避免食品污染。

五、评价标准

总得分

项次	项目及技术要求	分值设置	得分
1	器皿清洁干净、个人卫生达标	10	
2	咸鲜香辣	30	
3	质感脆嫩	20	
4	装盘美观	30	
5	卫生打扫干净、工具摆放整齐	10	

实训 6
凉拌猪耳

一、原料配备

主料： 卤猪耳尖200g。

配料： 香菜50g。

调料： 盐3g，味精1g，生抽5g，辣椒油10g，香油5g，蒜子10g。

二、操作流程

1. 将香菜去根清洗干净，蒜子去皮。
2. 将卤熟的猪耳尖切成0.3cm宽的长条，蒜子切碎，香菜切成3cm长的段。
3. 取加工好的耳尖条、香菜段放入碗中，用盐、味精、生抽、香油、辣椒油、蒜末拌匀，装盘成菜。

三、成品特点

色泽红亮，香辣可口，质地脆嫩。

四、操作关键

1. 原料宜选用卤熟的猪耳尖。
2. 猪耳尖切条大小均匀、长短一致。
3. 调味准确，咸鲜香辣。
4. 注意食品安全与卫生，避免食品污染。

五、评价标准

总得分

项次	项目及技术要求	分值设置	得分
1	器皿清洁干净、个人卫生达标	10	
2	耳尖条大小均匀	30	
3	咸鲜香辣	20	
4	质地脆嫩	30	
5	卫生打扫干净、工具摆放整齐	10	

实训
7
凉拌牛肉

一、原料配备

主料： 卤牛肉250g。

配料： 香菜50g。

调料： 盐3g，味精1g，生抽5g，辣椒油10g，香油5g，蒜子10g。

二、操作流程

1. 将香菜清洗干净去根，蒜子去皮。
2. 将卤熟的牛肉切成0.2cm厚的片，蒜子切碎，香菜切成3cm长的段。
3. 将牛肉片、香菜段放入碗中，用盐、味精、生抽、辣椒油、蒜末、香油拌匀，装盘成菜。

三、成品特点

咸鲜香辣，质感软嫩，卤香味浓。

四、操作关键

1. 卤牛肉宜选用牛腱子肉。
2. 卤牛肉宜切薄片，便于入味。
3. 调味准确，咸鲜香辣。
4. 注意食品安全与卫生，避免食品污染。

五、评价标准

总得分

项次	项目及技术要求	分值设置	得分
1	器皿清洁干净、个人卫生达标	10	
2	肉片厚薄均匀一致	30	
3	咸鲜香辣	20	
4	装盘美观	30	
5	卫生打扫干净、工具摆放整齐	10	

1. 拌的操作关键是什么？
2. 拌制菜肴的熟处理操作方法有哪些？
3. 拌制菜肴的成菜特点是什么？

项目二
腌类湘式冷菜烹调

项目导读

　　腌制工艺在湘菜中应用非常广泛，常用于冷菜制作或需要提前腌制再加工烹调的菜肴。湘菜中的腌制法是以盐为主要调味品，将初加工后的原料用调味料浸渍、涂擦、拌和，排除原料的水分和异味，同时使原料具有特殊质感和风味的方法。经盐腌后，脆嫩性的植物原料会更加爽脆，动物性原料也会产生一种特有的香味，质地也变得紧实。湘菜中根据腌制的方式不同，可分为盐腌、糟腌等。

实训任务

任务	任务编号	任务内容
任务　腌类湘式冷菜烹调	实训1	腌萝卜条
	实训2	腌木瓜丝
	实训3	糖醋萝卜
	实训4	糖醋藕片
	实训5	腐乳醉虾
	实训6	醉蟹

实训方法

任务　腌类湘式冷菜烹调

任务导读

一、定义

腌是以盐或高浓度盐水为主要调味品，将原料初加工后用调味料浸渍、涂擦、拌和，排除原料的水分和异味，同时使原料具有特殊质感和风味的一种烹调方法。

二、工艺流程

选料　→　原料初加工　→　刀工成形　→　预熟处理　→　腌制　→　装盘成菜

三、技术关键

1. 用于腌制的原料必须是特别新鲜的动植物性原料。
2. 根据烹调需要，腌制时可整腌也可加工成小块、片、丝、丁等再腌。
3. 在腌制时盐一定要均匀抖散，用盐量要控制好，中途要不时翻动，使盐渗透均匀。
4. 腌制时间的长短应根据季节、气候、原料的质地、形状大小而定。夏季时间要短，原料形状大的时间要长。

四、成品特点

色泽美观，蔬菜清香嫩脆，动物性原料细嫩滋润，醇香味浓。

任务目标

1. 了解腌的定义、工艺流程、成品特点和代表菜品。
2. 熟悉烹调方法腌的原料选择要求、初加工方法和技术关键。
3. 掌握常见腌类湘菜的制作方法。

实训 1

腌萝卜条

一、原料配备

主料：白萝卜500g。

配料：小米辣50g。

调料：盐15g，香油5g，剁辣椒30g。

二、操作流程

1. 将白萝卜清洗干净，小米辣清洗干净去蒂。
2. 将白萝卜切成6cm长、1cm粗的条，晾晒至半干待用。
3. 将萝卜条用盐揉搓，加入小米辣、剁辣椒搅拌均匀，放入浸坛子内，封坛腌制3~4天，摆盘淋入香油。

三、成品特点

口味咸辣，质地爽脆，色泽红亮。

四、操作关键

1. 萝卜条粗细均匀、长短一致。
2. 萝卜腌制前需晾干水分，封坛腌制过程中不要中途开坛。
3. 萝卜用盐腌制入味。
4. 注意食品安全与卫生，避免食品污染。

五、评价标准

总得分

项次	项目及技术要求	分值设置	得分
1	器皿清洁干净、个人卫生达标	10	
2	萝卜条粗细均匀、长短一致	20	
3	质地爽脆	30	
4	口味咸辣	30	
5	卫生打扫干净、工具摆放整齐	10	

实训2 腌木瓜丝

一、原料配备

主料： 鲜木瓜500g。

调料： 盐50g，剁辣椒50g，香油5g。

二、操作流程

1. 将鲜木瓜去籽清洗干净，剁辣椒清洗干净去蒂。

2. 将木瓜切成0.3cm粗、5cm长的丝，晾晒至半干。

3. 将木瓜条用盐揉搓，码放在浸坛子内，加入剁辣椒封坛，腌制3～4天，摆盘淋入香油即可。

三、成品特点

咸辣适口，质地爽脆。

四、操作关键

1. 木瓜腌制前需晾干水分，封坛腌制过程中不要开坛。

2. 木瓜留皮，保证木瓜脆嫩。

3. 注意食品安全与卫生，避免食品污染。

五、评价标准

总得分

项次	项目及技术要求	分值设置	得分
1	器皿清洁干净、个人卫生达标	10	
2	木瓜丝粗细均匀	20	
3	咸辣适口	30	
4	质地爽脆	30	
5	卫生打扫干净、工具摆放整齐	10	

実训3
糖醋萝卜

一、原料配备

主料: 白萝卜500g。

配料: 尖红椒50g。

调料: 盐15g,姜10g,蒜子10g,白醋25g,白糖50g。

二、操作流程

1. 将白萝卜清洗干净,切成6cm长、1cm粗的条,尖红椒去蒂,姜去皮分别清洗干净,蒜子去皮。

2. 将萝卜条撒盐腌制片刻,挤干水分,装入坛中,加入姜、蒜子、尖红椒,用盐、白醋、白糖调味,腌制2～3天,装盘成菜。

三、成品特点

酸甜爽口,质感脆嫩。

四、操作关键

1. 萝卜条大小均匀、长短一致。

2. 腌制糖水比例、腌制时间控制得当。

3. 注意食品安全与卫生,避免食品污染。

五、评价标准

总得分

项次	项目及技术要求	分值设置	得分
1	器皿清洁干净、个人卫生达标	10	
2	萝卜条大小均匀	20	
3	质感脆嫩	30	
4	酸甜爽口	30	
5	卫生打扫干净、工具摆放整齐	10	

实训 4　糖醋藕片

一、原料配备

主料：藕500g。

配料：尖红椒50g。

调料：盐15g，姜10g，蒜子10g，白醋25g，白糖50g。

二、操作流程

1. 将藕洗净切成0.5cm厚的片，尖红椒清洗干净去蒂，姜、蒜子去皮清洗干净。

2. 将藕片撒盐腌制片刻，沥干水装入坛中，下入姜、蒜子、尖红椒，用盐、白醋、白糖调味，腌制2～3天即可，即食即取，装盘成菜。

三、成品特点

质感脆嫩，酸辣爽口。

四、操作关键

1. 挑选比较嫩的藕，不宜选用湖藕。

2. 腌制过一次的汤汁可以留用，下一次继续腌藕可以加快成熟，缩短腌制时间。

3. 注意食品安全与卫生，避免食品污染。

五、评价标准

总得分

项次	项目及技术要求	分值设置	得分
1	器皿清洁干净、个人卫生达标	10	
2	藕片大小均匀	20	
3	质感脆嫩	30	
4	酸辣爽口	30	
5	卫生打扫干净、工具摆放整齐	10	

实训5 腐乳醉虾

一、原料配备

主料：基围虾300g。

配料：香菜50g。

调料：白醋15g，白酒500g，酱油10g，红腐乳汁10g，香油5g，花椒粉0.5g，姜10g，蒜子10g。

二、操作流程

1. 将基围虾洗净泥沙，挑去杂质，剪去须和脚洗净，沥干水分，香菜择洗干净取香菜叶，姜、蒜子洗净切末。
2. 基围虾加入白酒放入坛中腌制24h，将白醋、酱油、红腐乳汁、香油、花椒粉、姜、蒜子调汁。
3. 取香菜叶平铺在盘底，放入基围虾，倒入调好的汁腌制入味即可。

三、成品特点

咸鲜味美，腐乳香味浓郁。

四、操作关键

1. 基围虾需清洗干净，必要时需消毒处理。
2. 封坛醉腌过程中不要开坛。
3. 注意食品安全与卫生，避免食品污染。

五、评价标准

总得分

项次	项目及技术要求	分值设置	得分
1	器皿清洁干净、个人卫生达标	10	
2	原料处理干净无异物	20	
3	肉质鲜嫩、酒香浓郁	30	
4	调味准确、装盘美观	30	
5	卫生打扫干净、工具摆放整齐	10	

醉蟹 实训6

一、原料配备

主料： 螃蟹300g。

配料： 香菜50g。

调料： 盐10g，黄酒500g（或白酒500g），花椒1g，冰糖20g，葱15g，姜15g，陈皮1g。

二、操作流程

1. 将葱清洗干净切段，姜清洗干净去皮切丝，螃蟹洗净泥沙，用刷子将蟹壳刷洗干净，放在阴凉处半天晾水，香菜择洗干净取菜叶。
2. 将黄酒、盐、葱段、姜丝、冰糖、花椒、陈皮放入螃蟹中搅拌均匀后放入坛中，封坛醉腌3～4天，吃时斩成块，蘸汁食用。

三、成品特点

咸鲜醇香，酒香浓郁。

四、操作关键

1. 螃蟹需用刷子刷洗干净，放在阴凉处排出腹水。
2. 封坛醉腌过程中注意密封。
3. 注意食品安全与卫生，避免食品污染。

五、评价标准

总得分

项次	项目及技术要求	分值设置	得分
1	器皿清洁干净、个人卫生达标	10	
2	原料处理干净无异物	20	
3	肉质鲜嫩	30	
4	咸鲜醇香、酒香浓郁	30	
5	卫生打扫干净、工具摆放整齐	10	

思考题 ∿∿∿∿∿∿∿∿∿∿∿∿∿∿∿∿∿∿∿∿∿∿∿∿∿∿∿∿∿

    1. 腌的工艺流程是什么?

    2. 腌的技术关键是什么?

    3. 腌的成菜特点是什么?

    4. 湘菜中腌制菜肴有哪些?

泡、卤类湘式冷菜烹调

项目导读

在湘菜制作工艺中，泡和卤在菜肴制作中应用较为广泛。卤和泡有很多相同之处，在制作方法上同样都需要调制卤汁，制作过程中都需要将原料完全浸没在卤汤中，其不同之处在于卤菜采用的是加热成熟冷凉成菜的制作方法，泡菜采用的是密封发酵"成熟"直接食用的制作方法。湘式卤水常用红卤水，在制作过程中以盐、酱油、香辛料为主，味道注重香辣。在湘菜菜肴制作中，利用卤的方式不仅可以制作冷菜，而且可以把卤制菜肴再回锅应用到热菜制作中。

实训任务

任务	任务编号	任务内容
任务1　泡类湘式冷菜烹调	实训1	泡菜
	实训2	醋泡黑木耳
	实训3	仔姜萝卜
任务2　卤类湘式冷菜烹调	实训1	香卤鸭掌
	实训2	香卤牛肉
	实训3	卤味猪手
	实训4	卤兰花香干

实训方法

任务1　泡类湘式冷菜烹调

任务导读～～～～～～～～～～～～～～～～～～～～～～～

一、定义

　　泡一般是选取新鲜蔬果为主料，经加工处理，装进特制的有沿有盖的陶器坛或玻璃坛内，以特制的溶液密闭浸泡发酵一段时间而成菜的一种烹调方法。

二、工艺流程

三、技术关键

　　1. 泡制时要备有特别的泡菜坛子，并放在阴凉处，翻口内的水要干净且保有一定量，切忌污染油腻，以防发酸变质。

　　2. 泡制的原料要新鲜、脆嫩。清洗干净晾干且符合卫生标准。

　　3. 泡卤要保持清洁，取泡制好的原料时要使用洁净的工具。

　　4. 调制工艺精细，用料讲究，通常用食盐、冰糖、白酒、白醋等调料，花椒、干红椒、八角、桂皮、香叶、草果等香料，加入冷开水配制而成。

　　5. 泡制时间应根据季节和泡卤的新、陈而定，一般冬季长于夏季，新卤长于陈卤。

　　6. 泡卤如无腐败变质，可继续用来泡制原料，但根据泡制次数适量加入其他调味品。

　　7. 经过泡制后的烹饪原料可以直接食用，也可与其他荤素原料搭配二次加工制作风味菜肴。

四、成品特点

　　脆嫩爽口，咸甜酸辣。

任务目标～～～～～～～～～～～～～～～～～～～～～～～

　　1. 了解泡的定义、工艺流程、成品特点和代表菜品。

　　2. 熟悉烹调方法泡的原料选择要求、初加工方法和技术关键。

　　3. 掌握常见泡类湘菜的制作方法。

实训1
泡菜

一、原料配备

主料：白萝卜250g，胡萝卜250g，刀豆250g，藠头250g，豆角250g，黄瓜250g，仔姜250g，红椒250g，包菜250g，鲜蒜球250g。

调料：冷开水5000g，盐250g，冰糖250g，白酒150g，干红辣椒100g，花椒25g，老姜250g，甘草250g。

二、操作流程

1. 将白萝卜、胡萝卜、刀豆、藠头、豆角、黄瓜、仔姜、红椒、包菜、鲜蒜球清洗干净，沥干水分，大块原料切成小块。
2. 将泡菜坛子洗净晾干，将凉开水倒入坛内，下入盐、冰糖、白酒、干红辣椒、花椒、老姜、甘草，制成泡菜水，将蔬菜放入坛内泡上，坛外边沿放入清水，盖上盖子，泡一周左右，即食即取，改刀装盘。

三、成品特点

开胃适口，香脆微酸，适宜下饭。

四、操作关键

1. 泡菜水需用凉开水。
2. 需泡制的原料初加工后，一定要清洗干净，晾干水分。
3. 要经常检查泡菜坛，边沿不能缺水，以免进入空气。坛沿边的水，至少每周换1次，以保持清洁。
4. 泡菜坛应放在阴凉处。
5. 泡菜取食时需准备干净的筷子，防止污染。

五、评价标准

总得分

项次	项目及技术要求	分值设置	得分
1	器皿清洁干净、个人卫生达标	10	
2	酸辣爽口	30	
3	质地脆嫩	30	
4	色泽清秀	20	
5	卫生打扫干净、工具摆放整齐	10	

一、原料配备

主料： 干黑木耳50g。

配料： 小米椒20g，香菜20g。

调料： 盐3g，味精2g，陈醋50g，生抽50g，芥末10g，姜15g，蒜子15g。

二、操作流程

1. 将小米椒、姜、香菜清洗干净，黑木耳冷水泡发。

2. 将小米椒切碎，姜、蒜子切末，香菜切成2cm长的段。

3. 将净锅置旺火上，加入清水烧开，下入黑木耳焯水，捞出过凉，沥干水分待用。

4. 将黑木耳、香菜段放入盆中，加入盐、味精、小米椒、蒜末、姜末、陈醋、生抽、芥末拌匀，泡2h即可，装盘成菜。

三、成品特点

质地脆嫩，口味酸辣。

四、操作关键

1. 木耳需用冷水泡发。

2. 木耳开水下锅焯水后冷水冲凉，保持脆嫩。

3. 浸泡时间充足，保证木耳入味。

4. 注意食品安全与卫生，避免食品污染。

五、评价标准

总得分

项次	项目及技术要求	分值设置	得分
1	器皿清洁干净、个人卫生达标	10	
2	木耳泡发程度适中	20	
3	口味酸辣	30	
4	质地脆嫩	30	
5	卫生打扫干净、工具摆放整齐	10	

实训 3 仔姜萝卜

一、原料配备
主料： 仔姜200g，白萝卜200g。

配料： 小米椒20g，香菜20g。

调料： 盐5g，味精1g，蒜子15g，陈醋10g，生抽10g。

二、制作过程
1. 将小米椒去蒂与姜、香菜分别清洗干净，白萝卜清洗干净。
2. 将小米椒平刀片片开，蒜子切片，香菜切成2cm长的段，白萝卜、仔姜切片。
3. 将白萝卜撒盐腌制，挤干水分，放入坛中，加入小米椒、姜、蒜子、香菜，用盐、味精、陈醋、生抽调味，泡2h即可，即食即取，装盘成菜。

三、成品特点
质地脆嫩，口味酸辣。

四、操作关键
1. 白萝卜腌制前需撒盐。
2. 白萝卜用盐腌制，挤干水分，保持脆嫩。
3. 浸泡时间充足，保证原料入味。
4. 注意食品安全与卫生，避免食品污染。

五、评价标准 　　　总得分

项次	项目及技术要求	分值设置	得分
1	器皿清洁干净、个人卫生达标	10	
2	白萝卜、仔姜切片厚薄均匀	30	
3	口味酸辣	20	
4	质地脆嫩	30	
5	卫生打扫干净、工具摆放整齐	10	

任务2　卤类湘式冷菜烹调

任务导读

一、定义

卤是将经过加工整理的原料置于有多种调料调制好的卤水中，先用旺火烧开，再徐徐加热，使卤水中的滋味缓缓地渗入原料内部，使原料变得香浓酥烂的一种烹调方法。

二、工艺流程

三、技术关键

1. 卤制的原料大多数需要经过初熟处理，动物性原料一定要经过焯水，以除异味，再进行卤制。

2. 卤水在进行调制时需要一锅好汤，所有卤料需按比例投放，根据卤制原料和菜肴的质量要求，调制好所需要的色、香、味。

3. 卤制时要掌握好卤水与原料的比例，一般卤水以淹没原料为宜，使原料全部浸没在卤水中卤制。

4. 投料的先后次序要正确。几种不同原料可以在同一锅内卤制，但要根据原料的不同质地决定投料时间和卤制时间，保证达到成熟一致。

四、成品特点

色泽亮丽，卤香浓郁，质感酥烂。

任务目标

1. 了解卤的定义、工艺流程、成品特点和代表菜品。
2. 熟悉烹调方法卤的原料选择要求、初加工方法和技术关键。
3. 掌握常见卤类湘菜的制作方法。

实训 1 香卤鸭掌

一、原料配备

主料： 鸭掌1000g。

配料： 香菜20g。

调料： 盐100g，味精200g，冰糖150g，葱50g，姜100g，干辣椒20g，陈皮3g，桂皮20g，山柰20g，砂仁5g，甘草6g，花椒3g，八角10g，小茴香20g，草果10g（拍裂），公丁香3g，母丁香3g，葱20g，高汤2000g，酱油250g，香油20g，白酒400g，白糖100g，色拉油50g。

二、操作流程

1. 将净锅（汤桶）置旺火上，加少量油和糖炒糖色，加入高汤烧开，用盐、味精、干辣椒、陈皮、桂皮、山柰、砂仁、甘草、花椒、八角、小茴香、草果、公丁香、母丁香、酱油、冰糖、葱、姜、白酒调味调色，中小火熬煮3h，调成红卤汤待用。

2. 将鸭掌去脚趾和足茧与香菜分别清洗干净待用。

3. 将净锅置旺火上，加入水烧开，下入鸭掌焯水，捞出过凉，沥水待用。

4. 将净锅置旺火上，加入调制好的卤水，下入鸭掌，中小火卤制0.5h，捞出放凉，放入盘中，浇淋卤汁，撒香菜，淋香油即可。

三、成品特点

色泽红亮，咸鲜香辣，质感脆韧。

四、操作关键

1. 鸭掌去除脚趾和足茧。

2. 调制卤水时，注意各类辛香料的配比。

3. 鸭掌冷水下锅焯水，去除鸭掌的异味。

4. 卤制的时间充足，鸭掌卤至入味，上色均匀。

5. 卤制过后的卤水用密漏过滤，烧开冷却后密封冷藏。

五、评价标准

总得分

项次	项目及技术要求	分值设置	得分
1	器皿清洁干净、个人卫生达标	10	
2	色泽红亮	20	
3	咸鲜香辣	30	
4	鸭掌完整、质感脆韧	30	
5	卫生打扫干净、工具摆放整齐	10	

一、原料配备

主料： 牛肉1000g。

配料： 香菜20g。

调料： 红卤汤5000g，盐10g，味精3g，酱油10g，生抽5g，香油5g，蒜子10g。

二、操作流程

1. 将牛肉清洗干净切成大小均匀的块，香菜清洗干净切成2cm长段，蒜子去皮切碎。
2. 将净锅置旺火上，加入清水，冷水下入牛肉焯水至断生，捞出洗净待用。
3. 将净锅（汤桶）置旺火上，加入红卤汤烧开，用盐、味精、酱油调味调色，下入牛肉，卤煮成熟，捞出凉凉。
4. 将牛肉切片与香菜段放入盆中，加入盐、味精、生抽、香油、蒜子拌匀，装盘成菜。

三、成品特点

色泽红亮，软烂鲜香，卤香味浓。

四、操作关键

1. 牛肉宜选用牛腱子肉。
2. 牛肉冷水下锅焯净血渍，去除异味。
3. 卤制时注意搅拌，防止粘锅。
4. 注意食品安全与卫生，避免食品污染。

五、评价标准

总得分

项次	项目及技术要求	分值设置	得分
1	器皿清洁干净、个人卫生达标	10	
2	牛肉片大小厚薄均匀	30	
3	色泽红亮、卤香味浓	30	
4	软烂鲜香	20	
5	卫生打扫干净、工具摆放整齐	10	

实训 3

卤味猪手

一、原料配备

主料：猪手1000g。

配料：香菜20g。

调料：红卤汤5000g，盐10g，味精3g，酱油10g，香油5g。

二、操作流程

1. 将猪手去毛，清洗干净，砍成10cm长的段。

2. 将净锅置旺火上，冷水下入猪手焯水至断生，捞出过凉，沥水待用。

3. 将净锅（汤桶）置旺火上，加入红卤汤烧开，用盐、味精、酱油调味调色，下入猪手，卤煮1h，捞出凉凉，装盘，撒香菜，淋入香油即可。

三、成品特点

色泽红亮，软烂鲜香，卤香味浓。

四、操作关键

1. 猪手需刮净猪毛，清洗干净。

2. 猪手冷水下锅焯去血渍、异味后放入卤水中。

3. 猪手需卤至软烂捞出。

五、评价标准

总得分

项次	项目及技术要求	分值设置	得分
1	器皿清洁干净、个人卫生达标	10	
2	猪手色泽红亮	30	
3	咸鲜香辣、卤香味浓	30	
4	质地软烂	20	
5	卫生打扫干净、工具摆放整齐	10	

实训 4

卤兰花香干

一、原料配备

主料：香干300g。

调料：色拉油1000g，生抽5g，香油5g，蒜子10g，辣椒油20g，红卤汤2000g。

二、操作流程

1. 将蒜子洗净切末；香干剞兰花花刀。

2. 将净锅置旺火上，倒入色拉油，烧至六成热，下入香干炸酥，捞出沥油待用。

3. 将净锅置旺火上，加入红卤汤烧开，下入炸好的香干，改用中小火卤制10min，捞出放入盘中，加辣椒油、蒜末、生抽拌匀，装盘淋入香油即可。

三、成品特点

色泽红亮，造型美观，软烂鲜香，卤香味浓。

四、操作关键

1. 剞兰花香干时刀距、深度、角度要保持均匀一致。

2. 炸制香干需使用六成热以上的油温，炸制过程中不要频繁搅拌，防止搅碎。

五、评价标准　　　　　　　总得分

项次	项目及技术要求	分值设置	得分
1	器皿清洁干净、个人卫生达标	10	
2	兰花香干刀工精细	30	
3	咸鲜香辣、卤香味浓	30	
4	香干造型完整、不断碎	20	
5	卫生打扫干净、工具摆放整齐	10	

思考题 ~~~~~~

  1. 湘菜卤水调制的操作关键是什么?

  2. 卤水应如何保存?

  3. 卤的工艺流程是什么?

  4. 卤制原料的初加工应注意什么?

［1］盛金朋，肖冰．湖湘特色食材［M］．北京：中国轻工业出版社，2019．

［2］盛金朋，彭军炜．湖南味道［M］．北京：中国轻工业出版社，2020．

［3］罗莹，盛金朋．湖湘饮食文化概论［M］．北京：中国轻工业出版社，2019．

［4］彭军炜．湖湘特色食材的整理与利用［J］．南宁职业技术学院学报，2020，123（04）：11-14．

［5］冯玉珠．烹调工艺学［M］．4版．北京：中国轻工业出版社，2016．

［6］尧育飞．百年湘菜：文化里的湖南味道［J］．文史博览，2019（001）：5-12．

［7］肖冰．湘菜烹调综合技能训练［M］．北京：中国财富出版社，2015．

［8］徐书振．烹调工艺实训：基础篇［M］．北京：中国轻工业出版社，2015．

［9］王墨泉．湘菜本色［M］．长沙：湖南人民出版社，2013．

［10］石荫祥．湘菜集锦［M］．长沙：湖南科学技术出版社，2002．

［11］吴晓伟，韩海龙，刘海秩．烹调工艺学［M］．北京：北京工业大学出版社，2018．

高等职业学校烹饪工艺与营养专业教材

湖湘饮食文化概论　彩色印刷

罗莹　盛金朋　主编
页　数：220页
定　价：49.00元
ISBN：9787518423149

更多精彩内容

湖湘特色食材　彩色印刷

盛金朋　肖冰　主编
页　数：216页
定　价：49.00元
ISBN：9787518425945

更多精彩内容

湖南味道　双色印刷

盛金朋　彭军炜　主编
页　数：252页
定　价：49.00元
ISBN：9787518426171

更多精彩内容

湘菜非物质文化遗产概论　双色印刷

彭军炜　谷金星　主编
页　数：232页
定　价：49.00元
ISBN：9787518431472

更多精彩内容

烹调基本功训练（刀工　勺工）　彩色印刷

何彬　主编
页　数：140页
定　价：49.00元
ISBN：9787518429936

教学资源：

更多精彩内容

湘菜烹调一体化教程　彩色印刷

王飞　肖冰　主编
页　数：348页
定　价：88.00元
ISBN：9787518431663

更多精彩内容